Einfach Hawking

跟着霍金看宇宙

［德］吕迪格·瓦斯（Rüdiger Vaas）　著　［德］贡特尔·舒尔茨（Gunther Schulz）　绘

陈依慧　译

湖南科学技术出版社　小博集

目 录

史蒂芬·霍金的世界

"我的目标很简单，就是完整地认知宇宙——它为什么是现在这个样子，以及它为什么存在。"

史蒂芬·霍金，当代最著名的科学家之一，从不回避真正重大的问题。而且他还是为数不多的帮助人们接近答案的人之一。事实上，他甚至发现了开启自然奥秘的钥匙（正如本书封面插图所示）。

早在 20 世纪 60 年代末，他的研究就引起了业界的广泛关注，并在 70 年代中期引起了轰动。自从 1988 年出版的《时间简史》成为全球畅销书以来，他更是被数百万读者所熟知。他的其他几本科普图书延续了这一成功，时至今日仍深受欢迎。

对比他悲惨的命运，所有这些成就的分量显得更加难以估量。因为在 1963 年，霍金 21 岁生日后不久，医生们就预言他的寿命只剩下为数不多的几年。他们诊断出霍金患有肌萎缩侧索硬化（ALS）[1]，这种可怕的疾病会

---

1 俗称"渐冻症"，患者主要表现为肢体无力、肌肉萎缩，失去运动能力，最终会导致吞咽困难和呼吸衰竭。——编者注

导致肌肉神经细胞逐渐死亡，患者最终会完全瘫痪。尽管如此，霍金依然完成了他的学业，拿到了博士学位，并进行顶尖的学术研究。1979 年，在被束缚在轮椅上多年之后，他甚至还被任命为剑桥大学卢卡斯数学教授，而同样获此殊荣的还有 300 多年前的艾萨克·牛顿。

由于做了气管切开术，霍金从 1985 年开始就只能使用语音合成器与外界进行沟通。实际上，他后来只能通过唯一一块能动的肌肉——具体来说，是右脸上的一块肌肉——费力地向系统程序中一个一个地输入字母，这样操作每分钟最多能输入 2 到 3 个单词。

这种悲惨的命运，让霍金完美地契合了天才的思维被困在无法动弹的身体中这一形象，而他却一直在试图打破知识的界限。因为他的研究涉及的都是最抽象、最遥远、最复杂的课题：黑洞、大爆炸、时间旅行、相对论、量子物理学，以及寻找能解释所有粒子和力的万物理论[1]。难怪他成了媒体追捧的明星！霍金本人也有类似的看法：

"我确信，我的残疾是我如此出名的原因。……我极度有限的体力与我所研究的浩瀚宇宙的本质之间的对比让人们着迷。……我是残疾天才的原型。……但我究竟是不是一个天才，则更值得怀疑。"

---

1 亦称"万有理论""宇宙公式"或"世界公式"。——编者注

浩瀚宇宙和严重疾病的结合甚至让霍金成了热门的电影主角。2004年，一部讲述他发表博士论文前的青年时期的电影上映。2014年的电影《万物理论》更是让扮演霍金的演员埃迪·雷德梅恩获得了奥斯卡金像奖。其实，早在1991年，一部关于霍金研究的纪录片就在电影院上映了，其中有许多对霍金同伴的采访。此外，电视上还有许多涉及或关于霍金的科学电影。

霍金也成了流行文化的一部分：他曾在电视连续剧《星际迷航：下一代》和《生活大爆炸》中客串演出；还在美国动画片《辛普森一家》和科幻动画片《飞出个未来》中作为卡通人物出镜；他通过电脑合成的声音还出现在了平克·弗洛伊德乐队的歌曲《不停说》中；甚至还有乐高版的霍金。

"出名的缺点是，我去任何地方都会被认出来。假发和太阳镜对我来说还不够，因为轮椅会立即出卖我。"

在被诊断出肌萎缩侧索硬化时，霍金从未想过他会在71岁时出版自传，但他每天都在创造惊人的医学奇迹。当然，除了顽强的生存意志的支撑，这也同样离不开他的幽默感和良好的医疗护理。

"残疾并没有严重影响我的科学研究工作。实际上，从某些方面来看，它还更具优势：我不必开讲座或者给大学新生授课，也不必参加无聊又耗时的研究所会议。这样一来，我就可以全心全意地投入到我的研究中。"

　　霍金于 2009 年 9 月底退休。他在职 30 年，这是在他上任时没人能料想到的。2017 年 1 月，他庆祝了自己的 75 岁生日。不过，他又怎么会真的退休呢？霍金有一个大家庭（三个孩子和三个孙子），他已经和女儿露西合著了五本儿童科普读物。他会在健康条件允许的情况下开讲座，还会出现在电视和广播中。2009 年，他接受了加拿大圆周理论物理研究所客座教授的职位。然而，最重要的是，他仍继续与他的同事们一起进行研究，近年来还就宇宙学难题和仍然神秘的黑洞发表了多篇文章。

　　"保持头脑活跃和幽默感，支撑着我继续生活下去。"

　　"我衷心建议其他残疾人，不要让肢体上的残疾成为思想上的阻碍。"

　　"尽管我们人类受到身体的限制，但是我们的思想可以自由地探索浩瀚宇宙。"

关于本书

本书讲述了霍金一生的工作和他目前[1]的研究，在某些情况下，还涵盖了霍金尚未在其热门著作中讲述的发现。所有这些都将尽量毫无保留、通俗易懂地呈现出来。（任何人如果对更多详情或具体研究、当前研究前沿的讨论以及完全不同的理论感兴趣，可以在本书作者的其他图书或霍金本人的出版物中找到相关内容。）本书重点讲述了霍金的科学发现和推测，也包括他的错误。很多论文不是凭他一己之力完成的——科学研究的推进离不开同事和其他学派，激烈的竞争也能刺激学术的蓬勃发展。但是，决定性的科学进步往往还是源于个人的创造力、毅力和智慧。霍金的成就也证明了这一点。

接下来，本书会首先探讨宇宙的形成和发展（第 10 页起）。宇宙已经膨胀了 138 亿年，这标志着过去，甚至是时间开始时的一个伟大事件——大爆炸。原始火球的余辉仍在太空中泛滥（第 34 页起）。正如霍金和他的同事们所证明的那样，我们熟悉的所有自然定律在大爆炸奇点处都会失效（第 18 页起）。但霍金不想让宇宙的开端留有一个大大的问号，他认为应该有一个更完美的理论能解释它。事实上，他也找到了揭开这一巨大谜团的神秘面纱的方法（第 26 页起）。然而，却由此衍生出了关于时间、虚无和无限

---

1 本书第一版出版于 2016 年 12 月 9 日，史蒂芬·霍金于 2018 年 3 月 14 日逝世。——编者注

的深层次的哲学问题。也许有了大爆炸，才有了时间；又或者大爆炸根本就不是一切的开端，而是一个向具有相反时间方向的陌生宇宙过渡的阶段，而从我们的角度来看，这个宇宙已经崩溃了（第32页起）。过去、现在和未来之间的区别也不再是不言而喻的，由此霍金探讨了关于时间旅行（第104页起）、虚时间（第28页起）和在遥远的未来时间倒转（第32页起）的可能性。另一方面，在黑洞中，在那难以想象的引力作用下的神秘宇宙深渊中，似乎不仅一切都永远结束了，连时间本身也终结了（第48页起）。但是，在时空中说不定存在着奇异的隧道，可以通向其他宇宙那令人捉摸不定的大门，甚至可以回到过去，动摇因果关系（第101页起）。此外，霍金还发现，黑洞其实并非完全是黑的，而是一直在不断地瓦解、蒸发（从第68页起），这就可能会带来一些麻烦：如果黑洞不可挽回地破坏了物理信息，就有可能发生奇怪的事情，比如，粉红色的食蚁兽突然出现在烤箱中，并跳着热烈的波尔卡舞（第78页起）。最后——或者首先——的问题是关于科学陈述的真实性，关于对所有事物的解释，关于现实和超越现实的本质，也就是关于神圣的造物主和宇宙的意义（第119页起）。

"为什么会有东西存在，而不是什么都没有？我们为什么存在？为什么会有这些特殊的定律体系，而不是其他的体系？"

然而，霍金绝不是一个完全精神化或超脱尘世的存在。相反，他经常出行，参加科学会议，有时还会担任大型活动的特邀演讲嘉宾。他很关注人类的未来，并谦虚地尽其所能塑造人类的未来。与此同时，他也非常清楚如何好好享受地球上的日常生活。2010 年，他曾这样总结自己对待生活的态度：

"这些是我给孩子们在人生道路上最重要的建议：首先，要记得仰望星空，而不是只看脚下。其次，永远不要放弃工作，工作赋予我们意义和目标，没有它的人生是空虚的。第三，当你幸运地找到了真爱，记住它很珍贵，不要轻易抛弃。"

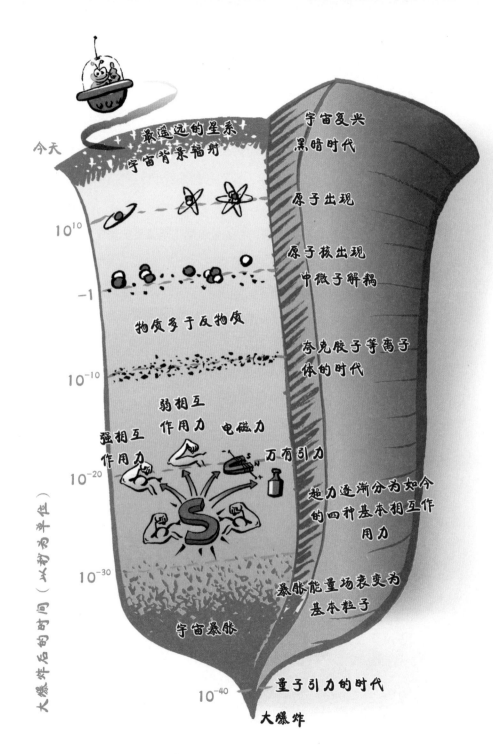

大爆炸之谜

"我们发现自己生活在一个令人困惑的世界中。我们想理解自己所看到的周围的一切，并提出疑问：宇宙的本质是什么？我们在其中处于什么位置？我们来自哪里，又要去往何方？为什么宇宙是这样的？"

宇宙是我们所知道的一切以及更多未知的总和。它是如此之大，比天文学家用最好的望远镜所观测到的还要大。它甚至也许是无限的，不过没有人知道答案。但宇宙并不是永恒存在的，它有一个起点。它所有的一切都有一个起点——每颗恒星，每颗行星，每个原子。整个可见的和不可见的世界都是由极热且极致密的状态发展而来的。宇宙是一个偶然，也是必然的结果。它按照科学家已经发现的大多数规律运行着，而这些规律所跨越的尺度范围令人惊讶——从不到 0.000 000 000 000 001 毫米到超过 100 000 000 000 000 000 000 000 千米。

更令人惊讶的应该是什么？是巨大的物理解释范围？还是物质和宇宙的深不可测？又或者是霍金这样的科学家的大胆、实力和才华呢？

宇宙的起源

138 亿年前，宇宙诞生时，整个宇宙非常小，甚至比原子核还要小。这听起来像是胡说八道，但却是一个有着充分依据的科学事实。那时候没有恒星和星系，也没有原子，当然也没有像霍金这样勇于探索的研究人员思考这一切……

我们宇宙的极热和极致密的初始状态被称为"大爆炸"。不久之后，又成了粒子和辐射的混沌状态。大爆炸后，基本粒子生成，在最初的 15 分钟内，轻元素氢和氦生成。迄今为止，它们构成了宇宙中已知物质的 99%。剩下的元素，例如碳、氧和氮等，是很久以后才在恒星内部和恒星爆炸的时候

宇宙浩瀚，难以丈量。地球只是宇宙中的一粒沙。

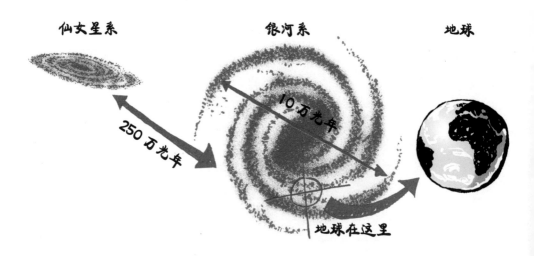

仙女星系　　　　银河系　　　　地球

250 万光年

10 万光年

地球在这里

形成的。这些事众所周知，并且已通过观测得到了证实。在大爆炸后十亿分之一秒内发生的事情也可以被证实——使用巨型粒子加速器，研究人员甚至可以模拟它们并进行详细的研究。

因此，我们宇宙的最初时刻不再是不可破解的谜。物理学家和宇宙学家都已经非常了解那时发生了什么。但有一个大谜团仍然存在：大爆炸是如何产生的？它是一切的开端吗？还是说，它是一个未知的过渡阶段，那么在它之前是什么？

小偏差，大尺度

原始物质的分布存在极微小的不均匀现象。随着时间的推移，在引力的影响下，出现了物质密集的区域和没有物质的空洞。因此，是引力构建了宇宙大尺度结构。大爆炸后大约 1 亿年，在仍然十分年轻的宇宙中，第一批恒星从巨大的气体云中诞生了。不久，它们被"烧毁"并发生爆炸。之后，它们的碎片和许多其他物质又形成了新的恒星。直至今天，这种事情仍在发生。宇宙中的气体云和尘埃云包含了接下来数万亿年内恒星形成所需的原材料。

恒星在宇宙中不是随机分布的。在引力的影响下，它们聚集在星团和星系中。大型星系可以包含超过 1000 亿颗恒星，这大约相当于地球上所有海滩上的沙粒的数量，或是人类大脑中的细胞的数量，又或是曾经存在过的所有人类的数量。1000 亿也是现今宇宙中已知星系的数量，银河系就是其中

今天，物质在宇宙中的分布状态，看起来就像是巨大的泡泡浴。

之一。我们的恒星——太阳，就位于这个雄伟的螺旋星系外缘三分之一半径处。天文学家从太阳系的第三颗行星[1]处窥测太空，并试图了解这巨大而混沌的世界——真是一个难如登天的任务。

顺便说一下，"光年"不是发光的时间，而是一个距离单位。光在短

---

1 即地球。——译者注

短一秒钟内就可以传播约 30 万千米的距离，从太阳传到地球只需要 8 分钟多一点的时间。1 光年就等于光在一年中传播的距离，约 9.5 万亿千米。这是地球到太阳距离的 63 000 倍。离太阳最近的恒星比邻星，距离太阳 4.22 光年，而银河系的直径有 10 万光年。仙女星系是距我们银河系最近的星系，距离我们 250 万光年。这个仙女座中的大星系也是我们在晴朗的夜晚靠肉眼就可以看见的最遥远的天体，它的光经过 250 万年才到达地球。

星系形成了更大的结构，成千上万个星系组成了星系群、星系团、超星系团。总体而言，宇宙中物质的分布类似于水槽中的肥皂泡：肥皂泡对应着由成千上万个星系团组成的超星系团，肥皂泡内部的空间对应着星系团之间的宇宙空洞。据天文观测显示，宇宙空洞越来越大。可观测到的宇宙半径约为 465 亿光年。

宇宙正在不断膨胀！这真是一个惊天动地的发现。在 138 亿年前大爆炸"推动力"的推动下，宇宙在持续扩大。这是物质被稀释、冷却并逐渐凝聚成恒星和行星的唯一途径。实际上，在夜晚朝窗外看，可以看出我们生活在一个不断扩大且永远在变化的宇宙之中——至少对宇宙学家而言。遥远恒星发出的光芒因为宇宙膨胀而被"拉扯散开"，所以我们才看不见它们。由于这个原因，又因为恒星并不是到处都有，或者因为它们的光还没来得及到达地球，所以我们的夜晚并不像白天那样明亮。

宇宙的膨胀

宇宙并不是"虚无"。它不是僵化不变的，而是灵活、易受影响和动态的。这是最令人不可思议的发现之一。但是，由于它在日常生活中并不会产生什么影响，因此很难形象地加以说明。尽管如此，一些人——至少是部分科学家——还是天才地想到可以用数学方法对此进行研究……最后，终于在物理上得到了证实！

"我们生活在一个陌生又奇妙的宇宙中。想要欣赏它的年龄、大小、狂暴和美丽，需要非凡的想象力。"

1915 年，阿尔伯特·爱因斯坦用他的广义相对论描述了当物质或能量存在时，空间是如何弯曲的。他还指出，时间和空间并不是一切发生的舞台。

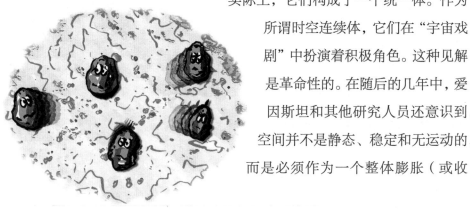

实际上，它们构成了一个统一体。作为所谓时空连续体，它们在"宇宙戏剧"中扮演着积极角色。这种见解是革命性的。在随后的几年中，爱因斯坦和其他研究人员还意识到，空间并不是静态、稳定和无运动的，而是必须作为一个整体膨胀（或收缩）的。

　　这是一个令人出乎意料的结论，几乎没有人把它当回事，连爱因斯坦本人也不例外。但不久之后，天文学家发现了有力的证据，特别是 1929 年，埃德温·哈勃的测量结果表明，几乎所有星系都在不断远离银河系，而且距离我们越远的星系，远离的速度越快。但这并不意味着银河系是这场大爆炸的中心，一切都在远离它。倒不如说，这是整个可观测宇宙正在不断膨胀的有力证明。空间本身在膨胀扩大，导致星系分散开来，就像酵母蛋糕的面团在烤箱中不断膨胀扩大，面团上葡萄干之间的距离也增加了。

宇宙像一个气球

　　插上想象的翅膀，每个人都可以想出一个不断膨胀的宇宙模型：取出

宇宙在膨胀，星系彼此远离——就像气球表面上的点随着气球的膨胀而分散开来。在这个过程中，物质也被稀释了。

砂糖，将其撒在气球表面，并把气球吹起来。砂糖颗粒就象征着星系团，气球表面象征着宇宙。橡胶气球的膨胀就代表着宇宙的膨胀。砂糖颗粒随着气球膨胀不断远离彼此。从一粒砂糖的角度看，它似乎处于这场模拟爆炸的中心，周围的所有砂糖颗粒都被炸飞了。但这是一种错觉，因为从其他砂糖颗粒的角度来看也是这样的情形。气球表面根本没有一个中心点，一切都在互相远离，就像在宇宙中一样。

当然，这个比喻也不完全恰当。气球吹起来形成的是一个光滑的表面，但是宇宙却具有三个维度。假设气球上有一只二维的扁平甲虫一直在向前爬行，那么它永远也爬不到终点，而是会不断地回到起点。没有人知道宇宙是否也能弯曲到使人理论上可以在其内部绕圈，也许宇宙是无限大的。

空气从外部被吹入气球内，宇宙却并不从周围的环境中接收任何能量或任何东西，而是自身膨胀。气球可以在室内或室外充气。相比之下，宇宙不会扩展到另一个空间内，而是"内部"扩大——这一概念已经超出了我们的日常认知。这种体积的增加发生在星系团之间的巨大空洞中。而通过恒星和气体质量的引力保持聚合的星系内部，却并不发生膨胀。因此，你并不会

膨胀的空间

空间

大爆炸

可惜搞错了！

大爆炸不是一个可以在宇宙内竖立纪念碑的事件，而是宇宙形成的开始。

因为宇宙的膨胀而在一夜之间发胖。可观测宇宙每秒钟都会增加一整个星系的体积！

此外，气球还具有一个内部的中心点，这也无法在宇宙中找到对应。如果你在脑海中模拟让已经发生的事情倒退，或者简单地说，让气球漏气，那么橡胶气球就会收缩。在模型中，理想情况下，气球收缩到"噗"的一声的点对应着大爆炸。这对应着宇宙的起点，而不是气球充太多气破裂时发生的爆炸。

但这不是宇宙膨胀的起点！大爆炸并不是一个万物喷涌而出的地方，它不是一个可以在宇宙中竖立纪念碑的特殊地点，而是宇宙的起源。从这个角度来看，大爆炸无处不在，甚至就在你的鼻尖前。

过去的界限

霍金的科学生涯以一场爆炸开始。因为他的博士学位论文拓宽了知识的范围，同时也定义了一个界限。霍金的"学术生涯入场券"不仅带来了新的见解，还引发了关于时间和空间的起点的讨论。他能够证明我们的宇宙在广义相对论的框架内一定有一个开端。时间不会永远往前走，但过去是有限的。

如果你通过数学计算追溯宇宙的膨胀——换句话说，就是把空气从气球中放掉——那么最终你将无可避免地遇到一个无法再逾越的点：数学方程在此处具有一个所谓奇点。能量、温度、密度和空间曲率在这里变得无限大，而时间和空间却变为零。在奇点处，所有已知的自然定律都会失效，科学陈述不再可能。而奇点根本无法预测。

"时间拥有一个开端。……如果经典的广义相对论是正确的，那么在过去一定有一个奇点，而那就是时间的开端。"

地球上的两极是经线的奇点，但这仅是坐标系的属性。

　　在霍金开始研究之前，宇宙学家就已经怀疑大爆炸是一个奇异的奇点（或是由奇点产生的）。但是，许多物理学家不愿意接受这个无法定义的开端，并提出了各种反对意见。他们声称，奇点只是坐标系选择得不好的结果。地球的南极和北极也有奇点，因为经线在那里相交，但那里的物理定律一直以来也并不反常。

　　此外，反对者还说，没有什么东西可以被任意地压缩，在某些时候，反作用力总是占上风。如果宇宙旋转假说[1]既没有被证明也没有被证伪，那么宇宙旋转产生的力就可以避免奇点。更何况，宇宙可能并没有均匀地膨胀。这种情况下，如果从时间的维度追溯宇宙的发展历程，那么并不是所有事物都可以集中在一个点上，也就不可能有奇点了。

但是，这些反对意见都不成立！在非常普遍的条件下，在经典物理描述中，大爆炸奇点实际上是无法避免或消除的。这可以说是霍金的博士毕业论文中最重要的成果。该论文[2]于1966年在剑桥大学通过，霍金随即在业内名声大噪。

当然，霍金并不孤单。他的理论建立在罗杰·彭罗斯之前的富有想象力的学术研究上。彭罗斯也是霍金论文的第二审稿人。一直到1970年，霍金始终和彭罗斯、博士生导师丹尼斯·西阿玛以及其他物理学家一起，对大爆炸奇点做进一步的深入研究。事实证明，在完美的假设条件下，古怪的奇点是无法避免的。正如霍金反复强调的那样，认识到这一点非常重要。

"在我们称为大爆炸奇点的时刻，宇宙的密度和时空的曲率必须是无限大的。在这种情况下，所有已知的自然定律都将失效。这对科学来说是一场灾难，因为它意味着仅凭科学无法

---

1 美国密歇根大学天文学家迈克尔·朗戈带领团队研究了超过15 000个星系后，在2011年得出了"宇宙诞生之初是自旋的，并将继续绕着一个理想的轴旋转"的研究结论，但此结论还需验证。——编者注
2 这篇论文是《膨胀宇宙的性质》。——编者注

对宇宙的开端做出解释。科学只能确认，宇宙是现在这个样子，是因为当初就是那个样子。但它却无法解释，为什么大爆炸之后不久的宇宙是那个样子。"

因此，霍金等人的奇点定理是一个重要的理论突破，初步拓宽了知识的边界。当然，这个边界并不是无法突破的，至今它仍是宇宙学家提出新观点的动力和跳板。因此，目前最大的挑战是在边界之后或在边界附近找到一条路，否则，大爆炸将永远无法解释。

霍金的小测试

1. 什么是光年?

☐ a. 天文学中的一个时间参数

☐ b. 宇宙中的距离测量单位

☐ c. 一个基本自然常量

2. 什么是奇点?

☐ a. 一个独居的天文学家

☐ b. 广义相对论的一个优点

☐ c. 一个数学概念

3. 可观测宇宙有多大?

☐ a. 半径 138 亿光年

☐ b. 直径约 920 亿光年

☐ c. 无限

4. 霍金在学生时期和谁一起做研究?

☐ a. 阿尔伯特·爱因斯坦

☐ b. 埃德温·哈勃

☐ c. 丹尼斯·西阿玛

5. 霍金在博士论文中写了什么?

☐ a. 关于奇点存在性的定理

☐ b. 宇宙大爆炸理论

☐ c. 宇宙膨胀的论证

答案: 1.b 2.c 3.b 4.c 5.a

奇幻之旅

"时间和空间是封闭的，没有边界，就像地球表面没有边界一样。……在我的所有旅行中，我从未跌出过世界的边缘。"

　　宇宙的第一瞬间是一个巨大的秘密，但是科学家目前已经可以了解到物质和能量状态的许多方面。借助巨大的粒子加速器，科学家可以模拟曾经在宇宙中普遍存在的极端物理条件。但是，从理论上来讲，即使是设计得最复杂的实验，也无法再现万物的开端。如果一切存在起点，那它也只能通过科学理论来探索，当然这些科学理论必须通过某种方式得到证明和证实。幸运的是，现今仍存有一些宇宙化石，可以被知识渊博的"追踪者"破译。

　　霍金和他的同事已经成功地在大爆炸的余辉中破译出了这些痕迹——在某些情况下，甚至可以在测量之前就预测它们的存在。但是霍金想要做到更多：他想了解世界的开端，或者说了解大爆炸之前是什么。时间真的有一个起点吗，还是说它本身源于一种神秘的永恒？

物理学的终点？

如果能让时间倒流，那么整个宇宙应该是从一个点出现的。但是这个"奇点"让科学有了站不住脚的危险。基于爱因斯坦相对论建立的物理学和宇宙学理论在奇点处都失效了。然而，奇点理论仅仅是科学家的想象，并没有解释宇宙的真正本质。如果这一理论可以被修正和扩展应用，那将是一个了解大爆炸实际上是如何产生的机会。

"对奇点的预测意味着经典的广义相对论不是一个完整的理论。因为奇点必须从时空流形[1]中切割掉，所以，人们不能在奇点处定义方程，也不能预测从奇点处会有什么东西出现。"

因此，关键的问题是：大爆炸奇点是"真实的"吗？它是我们知识的障碍，也是所有解释的终结吗？还是应该仅仅将其视为理论不足的产物，可以通过找到更好的理论将其淘汰？

大爆炸的曲率奇点不是一种状态、对象或者自然的一部分，而是一个物理理论的抽象对象。因此，奇点仅仅标志着广义相对论对其有效范围终结的一种自我陈述。也就是说，广义相对论预测了自身的崩溃失效。但是，这对

---

1 流形是拓扑学的重要研究对象，球面、环面、牟比乌斯带等都是流形。在相对论中，时空是紧密相连的，和弯曲流形相对应。——编者注

研究来说并不是灾难，而是一件好事。因为这揭示了相对论的局限，而这通常不是科学理论能做到的。

"如果物理定律可以在宇宙的开端失效，为何不能在其他地方失效？……只有当物理定律适用于任何地方，甚至在宇宙开端时，我们才算真正地拥有了一种科学理论。"

假设、替代方案和后果

霍金关于奇点的证明基于三个非常普遍且合理的条件：

› 引力必须足够大，以至于没有任何东西可以从一个有限的区域逃逸（就像黑洞）。

› 原因必须总是在时间上先于其结果。

› 一处的声速不能高于该处的光速。没有负质量或能量密度。

反过来说，这意味着根据霍金的理论，如果上述要求中至少有一个不能被满足，就可以避免曲率奇点产生。理论上，有几种方法可以推翻奇点定理，并且人们针对每一种方法都建立了完美的模型：

› 一切的开端实际上是一个时间圈环，即一个循环的时间。或者说，时间随着大爆炸改变了方向，不管那意味着什么。

› 我们对能量和物质的认识并不完整，因此宇宙可以延伸到无限的过去，或者大爆炸会从某种永恒的状态中出现。

› 相对论不适用于大爆炸，因为时间不再是连续的，而是在各个时序中前进，甚至消失。

无边界的宇宙

霍金对奇点理论的论证让宇宙学一度难以有进展。但随后，在毫无征兆的情况下，霍金又找到了突破口。1981 年，他提出了"宇宙无边界"设想，并与詹姆斯·哈特尔一起进行了深入研究。理论上，宇宙的物理状态应该是可以测算的，但要除去包含奇点和坍缩的方程！

霍金解决了这个难题。宇宙学家正在讨论他的解决方案在物理上是否合理和令人信服。目前，人们还不清楚霍金的想法是否可以合理地解释宇宙。宇宙学家对这个想法的认可在于，有证据表明大爆炸奇点理论也不一定就是最后的结论。

即使对霍金来说，这一设想也是一块难啃的大饼。

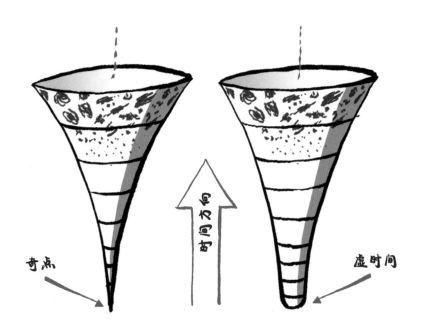

图中标注：奇点　时间方向　虚时间

在广义相对论的框架内，宇宙具有奇异的大爆炸奇点（左），霍金和他的同事已经证明了这一点。后来，霍金又成功地用所谓具有虚时间的瞬子，代替了奇点这个数学产物。

宇宙学家喜欢用一种漏斗来形象地比喻不断膨胀的宇宙，漏斗从小到大的过渡象征着宇宙的膨胀。漏斗底部最窄的地方是被切除的。这个底部边缘，就是边界，代表了奇点。我们也可以想象漏斗逐渐变细到一个尖锐的点，这个点就象征着奇点。霍金的无边界设想则指出，宇宙没有边缘、边界或者奇点。取而代之的是，将坚硬的边缘或锋利的尖端修圆，也就是说，底部被半球代替，像羽毛球一样。这里的亮点是：这个半球用物理学术语来说叫作瞬子，具有四个空间维度。

"宇宙的边界条件是它没有边界。"

因此，霍金的数学技巧是将时间这一维度空间化。他称其为虚时间。这个在外行人看来几乎像魔法一样的概念是基于可靠的数学推演而来的，毫无争议。虚数已经在成熟的物理学中证明了自己，尤其是在量子理论中。随着虚时间的推移——至少从纯粹的数学角度出发——奇点消失了。所以，瞬子没有边界，在时间和空间上都没有边界。因此，研究其背后是什么成了毫无意义的一件事，就像问南极的南边是什么一样荒谬。而且，就像自然定律在南极有效一样，对大爆炸也应该有效。由此，霍金的瞬子模型回避了"大爆炸之前是什么"这个复杂问题。

"时间是由事件之间的间隔定义的。在宇宙随着大爆炸突然开始之前，没有外部的时间量度。因此，大爆炸前一分钟发生了什么这一问题毫无意义。当时的时间并没有定义。"

时间从何而来？

霍金关于宇宙无边界的设想是一个突破，并被许多研究者所接受。但是这一理论也存在一些缺陷。

一个很大的困难是对虚时间的解释及从虚时间到实时间的过渡。瞬子的四维空间半球可以在数学上无缝连接到不断膨胀的宇宙的时空漏斗上。但是，

实时间中的宇宙　　大爆炸　　大坍缩[1]　　　虚时间中的宇宙

宇宙在大爆炸和大坍缩中有奇点，可以与地球两极经线有交叉点类比。但实际上，自然定律并不会颠倒错乱。因此，宇宙学家正在寻找没有奇点的宇宙模型。霍金提出了一个，该模型基于虚时间的引入，因为它与实时间垂直，并且像地球上的纬线一样，没有奇点。

1　也叫作大挤压、大坍塌。——编者注

这种描述对现实意味着什么呢？时间是如何从永恒中产生的呢？

时至今日，我们仍然没有得到一个确定的答案，甚至可能问题本身就是错误的。不管具体的模型如何，"时间的起点"这个概念到底意味着什么还未可知。因为时间不会像音乐会那样，从一个时间点"零"开始，没有"之前"，也没有"开始"的过程。因此，探究大爆炸之前发生了什么就会失去意义，就像即使每个俱乐部成员都有母亲，追问俱乐部的母亲也是不知所谓的。因此，某些问题完全是多余的，类似于问一个从未学习过国际象棋规则的人什么时候开始下棋。当然，人们依然想知道大爆炸或第一瞬间是如何发生的，以及为什么发生。类比俱乐部的成立，这样的问题是合情合理且可以回答的。

此外，还有一个更具体的问题：天文测量结果和霍金的原始模型不再相符。1997 年，霍金与尼尔·图罗克一起建立了另一个新模型——尽管不是特别合理可行——该模型也有一个虚时间的数学瞬子解。不过很快它也被新数据所取代了。

通往反向时间的桥梁

霍金没有放弃。从 2007 年起，他与哈特尔和托马斯·赫托格一起开发了一种新的瞬子模型来解释大爆炸。在这个模型中，瞬子是在不断坍缩崩溃的上一个宇宙和我们不断膨胀的宇宙之间架起的一座桥梁。根据这个模型，大爆炸不一定就是宇宙的开始，而是一个过渡。这在宇宙学中称为"大反弹"理论。重要提示：宇宙大反弹不会出现奇点。

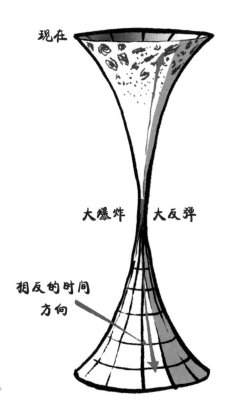

如果说大爆炸实际上是一个大反弹，那么就会出现一个问题：在那之前发生了什么？这个问题可能永远找不到答案，但也许现在的宇宙中仍然残留着上一个宇宙的痕迹（烙印在所谓引力波背景或是第一束光的宇宙背景辐射中）。其他宇宙学家同样将大爆炸描述为一种过渡，他们建立的模型在此前已经做出了这一预测。

但是，霍金和他的同事们对这样的宇宙化石持怀疑态度。首先，很难解释瞬子的本质，因为瞬子仅仅只有虚时间。此外，一个从无限的过去坍缩崩溃的宇宙和一个有着绝对起点的宇宙一样令人困惑，因为它们的起源都是莫名其妙、无法解释的。

然而，霍金团队在求解方程式并在计算

在霍金最新的宇宙学模型中，大爆炸的瞬子是从坍缩的先行宇宙到如今不断膨胀的宇宙的过渡。在大反弹之前，时间的方向可能是令人难以理解的反方向。

现在

大爆炸　大反弹

相反的时间方向

机上做近似计算时遇到了惊喜，"先行"宇宙的时间方向似乎与我们"现行"宇宙的时间方向相反。因此，一方的事件不会对另一方产生影响。这就像一个沙漏同时在两个方向上延伸。

霍金、哈特尔和赫托格在他们的出版物中写道，大爆炸很有可能是大反弹。很难说，到底是两个时间方向相反的宇宙发生了碰撞，还是说先行宇宙改变了它的时间方向，变成了我们的宇宙。也许两个宇宙都从永恒中跳了出来，并且彼此远离。因此，新的宇宙模型仍然提出了许多根本问题，而这些问题很大程度上取决于对时间的定义。

"我们从大反弹另一侧接收到消息的概率，并不比及时发送消息以阻止将来会产生不愉快后果的事情发生的概率大。"

第一束光

大爆炸发生 10 万年后，宇宙中的每个地方仍然比太阳表面还要热。只有当温度降到 4000 K [1] 以下时，飘动的电子才能被原子核捕获。这是第一个原子形成的方式。在宇宙变得透明的同时，光自由了。在这之前，光一直不

---

1 热力学温度单位。人们常用的摄氏度（单位符号为℃）和热力学温度开氏度（单位符号为 K）之间的转换关系为：开氏度 = 摄氏度 +273.15。——编者注

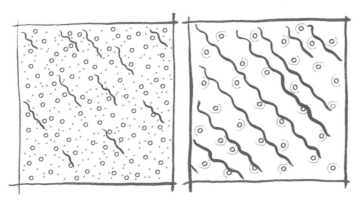

当宇宙冷却到足以使原子核捕获自由电子并形成原子时,它开始变得透明,即对辐射透明。

断地被物质分散、吞噬和释放,就像现在在恒星内部一样,在那里,光需要超过 10 万年的时间才能从中心到达表面。

直到今天,这第一束光仍然以宇宙背景辐射的形式在宇宙中流动。目前,每立方厘米的空间中有 400 多个光子,它们在大爆炸之后大约 38 万年被释放。同时,它们仅具有微波的能量,即短波无线电辐射。不过你可不能用它来加热汤,因为时至今日,这种辐射极其寒冷,只有 3 K,即 -270.15 ℃。

这就是宇宙的温度!(它几乎不会再变冷,因为 -273.15 ℃是绝对零度。)顺便说一句,宇宙背景辐射会造成电视屏幕的雪花屏和噪声干扰现象,至少出现在有接收天线和转播截止时间的情况下。

"我一直有一个明确的目标:弄清楚宇宙是如何运行的,

以及它为什么存在。幸运的是，到处都有线索。而最重要的线索就在我们头顶上方。"

宇宙背景辐射是大爆炸最重要的指标之一，同时它还证明了宇宙的膨胀和粒子物理学的知识。实际上，支持大爆炸理论的科学家在 1964 年首次测量到宇宙背景辐射之前，就已经预测了宇宙背景辐射的存在。天空本身就透露了它是如何产生的。

而且更妙的是，在大爆炸的这种回声中，一些模糊的信息被隐藏了。宇宙背景辐射并不完全均匀，而是包含了只能测量到百万分之一的微小温度波动。它们形成了看似无聊的斑点，但却使研究人员倍感激动，因为这些斑点反映了原始物质分布的不规则性。在宇宙背景辐射温度较高的地方，曾经有更多的热等离子体。在数十亿年的历程中，这些密度大的地方出现了宇宙大尺度结构。宇宙背景辐射提供了一张宇宙婴儿期照片，而温差显示了后期的星系和星系团的萌芽。

温度波动的分布模式类似于宇宙的指纹。宇宙学家是侦探，他们可以使用它来确定我们宇宙的概况特征。这种模式可以用来计算宇宙的基本参数：年龄、密度、成分、膨胀率等。

这些信息对提出和检验宇宙学假设

宇宙背景辐射

非常重要。霍金和他的同事们也颇有兴致地参加了这场竞争激烈的世界模型大赛。但人们并不清楚宇宙背景辐射的所有细节。因此，研究人员试图基于他们的理论想法做出预测，用于检验未来的测量结果。这是一项非常困难的工作，但有些模型已经可以用这种方式被证伪了。不过，霍金的新瞬子模型仍然没有问题。

平坦的世界

尽管大爆炸理论现在已经得到了证实，但它仍然遗留了许多问题。我们仍不清楚是什么引发了大爆炸，基本粒子来自何处，以及又是什么导致了宇宙的膨胀。实际上，大爆炸理论描述的并不是大爆炸本身，而是其后果。

空间的曲率取决于物质或能量的密度。下图的这几个大三角形状态不同，相应的内角和也不同。而测量表明，可观测宇宙是完全或几乎平坦的。这一点令人惊讶，需要一个解释。

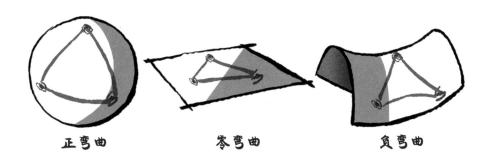

正弯曲　　　　　零弯曲　　　　　负弯曲

早在 20 世纪 60 年代和 70 年代，就出现了一些显而易见的难题。1973 年，霍金指出了宇宙极不可能发生的"平坦性"，事实上，它没有或几乎没有大尺度弯曲。例如，如果宇宙就像气球的表面一样"正弯曲"，也完全可以进行测量。在学校教的数学中，三角形在一张纸上的内角和为 180°。而球体上的三角形，例如地球上的三角形，如果其中一个角在北极，另外两个角在赤道，那么三角形的内角和会超过 180°。总体而言，地面不是平坦的，而是弯曲的，即使你在周日的短暂散步中或是在舞厅的地板上没有注意到这一点。原则上，宇宙范围内的三角形的内角和都可以确定——180°（测量误差小于百分之一）。这是令人惊讶的，因为如果没有特殊假设，那么这种平坦是完全不可能的。（大爆炸之后，由于宇宙的膨胀，初始条件与绝对平坦宇宙的微小差异会迅速增大。因此，宇宙的平坦性要么是一个奇怪的初始条件，要么是由未知机制产生的。）

霍金对这种平坦性感到惊讶。然而，在与巴里·柯林斯共同发表的一篇专业论文中，他强调说，在强烈弯曲的宇宙中根本没有恒星，也不可能会有感到惊讶的人类。因为如果宇宙强烈弯曲，它要么膨胀得极快，以至于物质将被完全稀释；要么会立即再次坍缩，并最终吞噬自己。

"假设有无数个具有各种不同初始条件的宇宙，星系只能在膨胀得足够快而不会坍缩崩溃的宇宙中演化。……因为星系的存在是产生智慧生命的必要条件，所以'为什么宇宙是各向同性[1]的？'，这个问题的答案就是'因为我们在这里'。"

另一个与此相关的问题是，为什么宇宙在整体和各个方向上看起来都如此统一？所有这些难题都可以用一个令人意外的回答来解决——宇宙暴胀。

宇宙如何变得这样浩瀚

宇宙暴胀与通货膨胀[2]无关，因为通货膨胀是由于政治和经济失败而引起的。然而，大自然几乎从一片彻底的虚无中创造出了一切，而且基本上是无偿的（没有违反能量守恒定律）。由于暴胀，宇宙在一瞬间就膨胀出巨大的空间。这种快速的膨胀持续了多长时间尚不清楚，并且因模型而异。（一个普遍的值：在 10^{-33} 秒内，年轻的宇宙就疯狂地膨胀了 10^{30} 倍。这就好比直径 1 厘米的硬币忽然膨胀到银河系的 1000 万倍大。）可以肯定的是，暴胀至少导致宇宙体积增加了 10^{78} 倍，否则宇宙将不具有今天的天文观测所显示的特性。例如，其物质分布的大尺度均匀性和平坦的几何形状。

尽管宇宙暴胀理论乍看之下似乎违反了两个自然定律，但事实并非如此。首先，虽然能量守恒定律否定了从无到有的能量（或质量）出现，但因

---

1 各向同性指某一物体在不同的方向所测得的性能数值完全相同，通俗地说，宇宙的各向同性就是不管从哪个方向，宇宙看起来都一样。——编者注
2 这里讲的是暴胀理论，暴胀的英文 Inflation 也译为通货膨胀。——编者注

可观测宇宙

根据宇宙暴胀模型，在大爆炸之后的第一瞬间有一个快速膨胀的阶段。因此，宇宙突然变大了。如今，即使宇宙在整体上是弯曲的，在局部也显得平坦。

为存在所谓负能量，比如引力场的能量，而引力的负能量与辐射和物质的正能量正好相等，因此总能量仍然守恒。其次，根据相对论，没有什么能比光速快，但这仅适用于宇宙中的普通粒子。随着宇宙暴胀，宇宙本身的膨胀速度快于光速，这不仅与相对论相吻合，甚至可以解释相对论。

宇宙暴胀不仅使可观测宇宙变大，而且使宇宙变得均匀平坦。就像从洗衣机里取出一件皱巴巴的 T 恤，如果快速将其拉开，它会变大、变平，皱褶也会消失。

从最小到最大

第一个宇宙暴胀模型是从 1979 年开始提出的。霍金紧随其后，迅速加入了这项研究。1982 年，他和学生伊恩·莫斯发表了一篇重要论文。他研究了在早期宇宙的能量分布中，微小扰动是如何发展起来的。这是将微观世界与宏观世界联系起来的新研究分支的开始。微小的量子[1]涨落——根据量子物理学，到处散布着能量和物质的涨落——后来会通过暴胀的形式膨胀，从而使原始大气的密度发生巨大变化。而它们的"足迹"在宇宙背景辐射中应该表现为轻微的温度起伏。最大的星系——超级星团——来自最微小的微观量子效应。

最初，这些想法看起来似乎毫无根据。但是在 1982 年中期，霍金在剑桥组织了为期三周的研讨会，他和他的同事们解决了暴胀模型的细节问题。这是宇宙学史上最具影响力的会议之一。而且在 10 年后，"宇宙背景探测器"卫星测量到了这些温度起伏的最初迹象。2006 年，这项发现获得了诺

---

1 物理学概念，指的是最基本、不可再分的能量单位。——编者注

贝尔物理学奖，但这一预测却没有。同时，宇宙背景辐射的温度起伏图已经可以非常精确地绘制出来了。这是科学的一次胜利！

物质的诞生

到目前为止，我们还不清楚究竟是什么驱动了宇宙暴胀，又是什么使它停止。为简单起见，我们假设一种"假真空"的基本物理状态，其中至少有一个能量场——暴胀。然后，这种能量场自发瓦解，出现了"真真空"。从此，我们的宇宙进入了一种新的状态。这听上去非常不同寻常。因为后来出现了明显相似的相变，并且通过基本粒子物理学也很好理解它们。

目前还不清楚暴胀或类似机制是否真的存在。毕竟，在霍金最新的宇宙模型中，暴胀似乎是"自然的"。计算表明，在新的瞬子模型中，暴胀时间持续很久的可能性非常高。

暴胀不仅使我们的世界变得广阔，为一切其他事物创造了更宽广的"玩耍空间"，还免费提供了"玩具"。可以这么说：在暴胀结束时，宇宙暴胀的能量在从假真空到真真空的过渡期间发生了转变，产生了一系列基本粒子。而这，就是物质的诞生。

"暴胀理论还可以解释为什么宇宙包含如此多的物质。在我们可以观测到的宇宙区域中，大约有1亿亿亿亿亿亿亿亿亿亿（1后面带80个0）个粒子。"

永久暴胀与多元宇宙

从这个角度来看，暴胀并不是大爆炸模型的一部分，反而大爆炸是暴胀进程的一部分。而且，暴胀可能并不是在宇宙中的每个地方同时停止，而是在不同时间、不同地方停止。而且，不仅仅只有一个——我们的——大爆炸，并由此产生物质，而是有数量巨大的大爆炸。每一次大爆炸都形成一个不再暴胀的宇宙泡泡——一个独立的宇宙。

这个过程类似于沸腾的水中冒出气泡。但是，所有宇宙泡泡会被无限大且仍在不断暴胀变大的空间隔开。总体而言，宇宙暴胀可能永远不会停止，它会永远持续下去。迟早，每个地方都会出现新的宇宙泡泡。但是，与不断暴胀的整体背景相比，它们的体积和膨胀速度完全可以忽略不计。

由此推论，宇宙并不是由单个宇宙组成的，而是由不可思议的庞大宇宙群组成的，但它们互相之间很可能永远不会有任何接触。所有宇宙的整体称为多元宇宙。

霍金最初对宇宙的这种永久暴胀的情况持怀疑态度。但后来，他不仅接受了这一理论，而且将其融入自己的宇宙模型中。他还推测了我们的可观测宇宙范围之外的宇宙的情况。

各个宇宙泡泡中的自然定律和常量可能有很大不同，甚至可能连维度

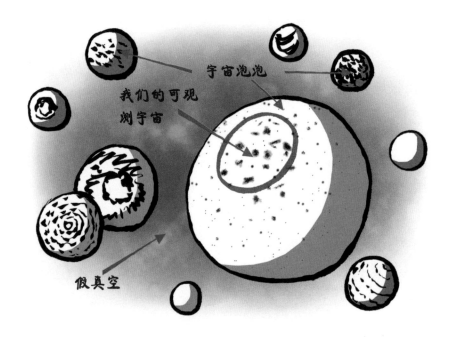

宇宙泡泡

我们的可观
测宇宙

假真空

宇宙学家怀疑我们的宇宙只是假真空中出现的众多宇宙之一。各个宇宙泡泡的膨胀速度比它们之间的假真空的膨胀速度要慢得多。因此，图中的比例是完全不现实的。宇宙泡泡应该要小得多，而且互相之间距离更远。

的数量也不同。也许所有可能的物理条件都会在某个地方实现。大多数宇宙泡泡可能没有恒星和行星。但是，如果所有可能的事情都确实存在，那么我们存在于一个适合生命生活的宇宙中也就不那么令人惊讶了。

"我们看到的是宇宙的真实样貌，因为如果宇宙不是这个样子的，我们就不会在这里观察它。"

然而，多元宇宙的永久暴胀不能解决宇宙起源的复杂问题。如果说暴胀是大爆炸背后的炸药，那么宇宙学家仍在寻找引发暴胀的火柴。这就是为什么像霍金的瞬子模型这样的猜想是必要的，哪怕这些理论永远无法通过天文测量得到证实。这些想法超出了我们可见的范围。

霍金的小测试

1. 霍金的奇点定理基于什么?

☐ a. 瞬子（欧几里得的四维空间）

☐ b. 因果关系

☐ c. 时间圈环（闭合类时曲线[1]）

2. 霍金的无边界设想需要什么条件?

☐ a. 虚时间

☐ b. 暴胀

☐ c. 奇点

3. 宇宙背景辐射什么时候产生?

☐ a. 在第一秒

☐ b. 大爆炸后大约 380 000 年

☐ c. 大爆炸之后的 138 亿年

4. 以下哪项不属于霍金的预测?

☐ a. 宇宙背景辐射的温度起伏

☐ b. 从瞬子开始的宇宙暴胀

☐ c. 奇点可以解释大爆炸

5. 宇宙暴胀会造成什么?

☐ a. 时间出现

☐ b. 宇宙的均匀性和平坦性

☐ c. 对量子涨落的抑制

答案：1.b 2.a 3.b 4.c 5.b

---

1 类时曲线是物理上可以实现的运动在时空中的轨迹，闭合类时曲线就是时空轨迹闭合的运动，它意味着运动在空间和时间上都能回到原点，即闭合类时曲线上的每一个事件都同时是另一个事件的过去和未来。——编者注

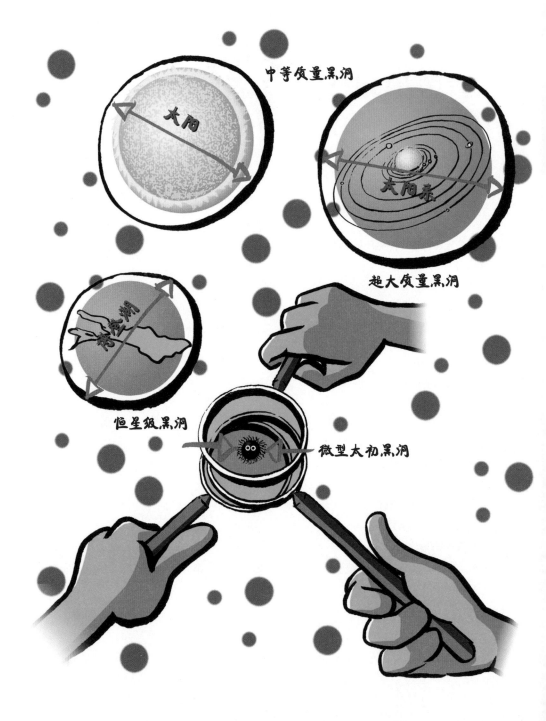

引力坍缩

"黑洞是科学史上非常罕见的一个例子。黑洞理论在没有任何观测证据证明其正确性的情形下，作为数学模型已经发展到了非常详细具体的地步。"

黑洞是世界上最"重"、最简单的物体。这么说并不夸张，黑洞非常不可思议，而且极其奇怪。这些令人毛骨悚然的巨大引力陷阱在很小的空间中包含了如此多的质量，甚至连光线也无法逃脱。所以我们是完全看不见黑洞的。但是，这些无底洞在太空中是可以被间接觉察到的：通过它们的引力，通过落入它们的物质的死亡呐喊，以及通过它们使宇宙颤抖的引力波。凭借这些难以捉摸的震动，物理学家现在可以用一种全新的方式来探索黑洞，而且在不久的将来还可以探索银河系的"黑暗之心"。由此，霍金的两个预言已经得到证实。

至简之物

黑洞是黑的，因为它们不发出任何光或其他辐射。可以这么说，它们是宇宙中的"洞"，但不能只从字面上理解。黑洞让我们有机会看到宇宙的深渊，同时也可以对现实有更深刻的了解。没有黑洞，一切都会以完全不同的方式发展，甚至都有可能不会发生大爆炸，也不会有人类。

毫不夸张地说，黑洞是世界上最简单和最"重"的东西。这些奇特的天体很重，因为它们的引力是如此之大，以至于没有任何东西能逃脱它们的吸引。黑洞没有任何物质，也不产生辐射，它们的逃逸速度超过光速，但也不是无限的。黑洞很简单，因为至少从广义相对论可以得出，只需要三个参数

黑洞（左）是宇宙的一条单行道，任何东西都无法逃脱其引力的魔咒。目前尚不清楚它们的猎物在中心将遭受何种可怕的命运。一些物理学家推测，可能存在某种出口———一个白洞，一切都会从这个洞中炸出来。

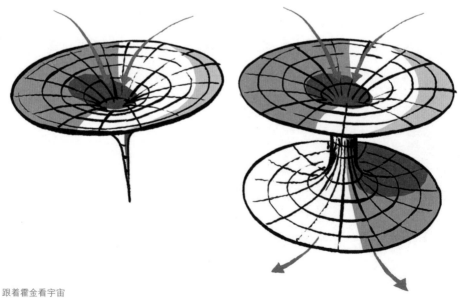

黑洞没有毛发，也就是说，除质量、角动量和电荷外，没有任何其他属性。不断崩溃的物质和能量的所有其他特征似乎永远消失了。

就足以描述黑洞：质量、角动量和电荷。质量表明黑洞有多"重"；角动量说明黑洞绕轴旋转的速度有多快；而黑洞的电荷实际上为零，因为正电荷和负电荷通常相互抵消。至少从物理学角度出发，没有比这再简单的了。

用这么少的信息完全无法描述宇宙中的其他物体。这一点被霍金和他的同事布兰登·卡特、维尔纳·伊斯雷尔和戴维·罗宾逊在 1970 年至 1973 年间证明。另外，"黑洞"一词由约翰·惠勒在 1967 年提出，而且由于所有黑洞都非常相似，就像穿着制服、剃了头发的士兵一样，他灵感乍现，将这一定理命名为"无毛定理"。因此，黑洞并不会揭示它吞噬了什么。

"根据无毛定理，在引力坍缩的过程中会丢失大量信息。例如，坍缩的物体是由物质还是反物质构成的，是球形还是极其不规则的形状，对黑洞的最终状态都不会产生任何影响。"

贪婪而具有创造力的黑洞

黑洞不只是一个假想。自 20 世纪 60 年代以来，天文学家就发现，宇宙之中似乎存在着大量黑洞。黑洞本身是不可见的，但它们的引力会影响其附近恒星和发光物质的运动。另外，被这种引力陷阱捕获的物质在掉入黑暗陷阱之前会发出 X 射线和伽马射线。使用太空望远镜，即使在很远的距离上也可以测量到这两种高能射线。

所谓恒星级黑洞是大质量恒星死亡形成的废墟。它们通常与博登湖[1]一样大，总质量至少为 3 ~ 100 倍太阳质量。（太阳质量约为 2×10^{30} 千克，是地球质量的 33 万倍。）天文学家已经在银河系和邻近星系中发现了几十个黑洞。黑洞通常是"双星系统"[2]中的隐形伙伴，可以通过测量正常恒星的运动，计算出这颗看不见的伴星的质量。

恒星级黑洞的半径在 10 ~ 300 千米之间。它们中的一些通过吞噬气

---

1 博登湖，位于瑞士、奥地利和德国三国交界处，长 67 千米，宽 13 千米。——译者注
2 双星系统指由两颗恒星组成，位置看起来非常靠近的天体系统。——编者注

体、尘埃和恒星而成长为中等质量黑洞。中等质量黑洞的质量是太阳质量的 $100 \sim 100$ 万倍，半径为 $300 \sim 300$ 万千米，比太阳大很多。

然而，与超大质量黑洞相比，恒星级黑洞真的是极其轻量级的黑洞。超大质量黑洞拥有几百万至上百亿倍的太阳质量，而且它们几乎存在于每个星系的中心。它们的半径为 300 万 $\sim$ 300 亿千米，几乎和太阳系一样大。因为在宇宙的早期，它们在短时间内就吸收了数量惊人的物质，所以迅速增长了。在这一过程中，超大质量黑洞疯狂释放了大量辐射。时至今日，我们仍然可以通过望远镜观测到这些数十亿光年外的年轻星系的炽热中心。这些类星体 [1] 的亮度相当于 100 亿，甚至 1000 亿个太阳。用地球上的事物打个比方：如果一个星系只有柏林那么大，那么它异常活跃的中心只有勃兰登堡门 [2] 上的一粒尘埃那么小，但是这一粒尘埃却像集聚了整座城市的灯光一样明亮。

黑洞既是毁灭性的旋涡急流，也是超级能量喷射机。当它们吞噬物质时，大量辐射会被释放到周围的环境中。此外，还会产生强烈的粒子流，这些粒子流会被磁场束缚，并且经常被加速到逼近光速。这些粒子流通常喷向遥远的空间，可以加热气体云，使之产生涡旋，甚至增加或减少新恒星的形成速度。这使黑洞极具创造力：即使在银河系中心的最大黑洞也无法生长得比我

---

1 类星体指的是一些距离地球很远、辐射能量很高的类似恒星的天体。宇宙学家猜测类星体的中心有一个超大质量黑洞。——编者注
2 勃兰登堡门位于德国首都柏林的市中心，是柏林的标志性建筑，最初是柏林城墙的一道城门，因通往勃兰登堡而得名。——译者注

们的太阳系还要大，但它们却跨越数千光年的距离改变了宇宙的环境，并由此对银河系的发展造成决定性的影响。这是非常不可思议的，因为银河系与其黑洞的大小比例相当于整个地球与一个人的比例。

坍缩成"无底洞"

恒星级黑洞是宇宙中极其剧烈的过程——燃尽的恒星坍缩的结果。恒星的命运取决于它们的质量和组成物质。如果恒星用完了"燃料"，它们将急剧膨胀然后坍缩崩溃。恒星体积越大或者质量越大，这个过程发生的速度就越快。可以这么说，浪费会导致提早毁灭。

当恒星的质量低于临界极限值，即小于 1.4 倍太阳质量时，最终会坍缩成白矮星。太阳最终也会坍缩成白矮星，但那是 76 亿年以后的事，在那之前，它会先变成红巨星，并吞噬水星、金星和地球。白矮星是恒星裸露的核心，体积不比地球大多少，但质量更大。它们的密度超过 1 吨／立方厘米，并且由简并物质组成。原子核被挤压在一起，自由运动的电子被压到原子核附近，形成了由原子核和电子组成的简并物质。最著名的白矮星是天狼 B 星和南河三 B 星，分别是天狼星和南河三星的伴星。

超过 1.4 倍太阳质量的巨型恒星会爆炸。然后，它们释放出的能量比整个银河系中所有安静发光的恒星释放的能量还要多。如此巨大的爆炸被称为超新星。恒星燃尽的外层以约 1000 千米／秒的速度被抛入宇宙。碎片丰富

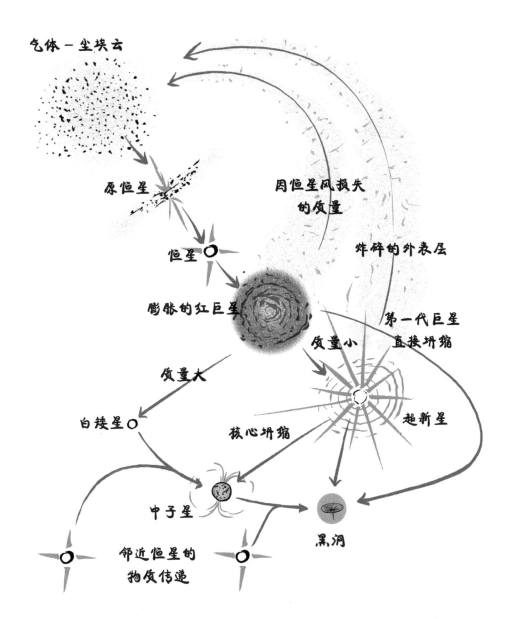

气体-尘埃云

原恒星

恒星

膨胀的红巨星

因恒星风损失
的质量

炸碎的外表层

第一代巨星
直接坍缩

质量小

质量大

白矮星

超新星

核心坍缩

中子星

黑洞

邻近恒星的
物质传递

恒星的演化结果主要取决于它们的质量大小。

了宇宙的物质循环，可以作为形成新恒星和行星的原材料。地球也部分是由这种恒星爆炸的灰烬组成的。在陨石，即从天上掉下来的石头中，科学家甚至检测到了来自几颗超新星的微量元素，这意味着这些超新星的残骸是46亿年前形成太阳系的原始物质的一部分。

但是，并非所有物质都被超新星抛入宇宙。恒星的核心在其自身引力的作用下坍缩，并形成一个极其致密的废墟。在大多数情况下，这就是所谓中子星。顾名思义，它主要由中性粒子——中子组成。恒星的核心坍缩时，电子被"推入"质子，中子成千上万地产生。中子星的半径不到20千米，但是密度却非常大，一茶匙中子星物质的重量可超过1亿吨。加拿大和美国之间的五大湖中的水，如果像中子星一样被压缩，很容易就能装进一个水槽。

如果恒星的核心超过一定质量，那么中子星的坍缩就不会停止。即使是强相互作用力[1]——仅存在于亚原子范围内的最强自然力——也无法与引力相抗衡。因此，坍缩无法停止，物质的崩溃导致了无底洞——黑洞的产生。这种坍缩产生的黑洞的最小质量约为3倍太阳质量。但是，坍缩前的恒星质量必须超过20倍太阳质量，因为它会将大部分物质吹入宇宙——首先是恒星风，然后是超新星爆发。

黑洞是物质的最大密度状态。在一定的体积中，没有办法集中更多的质

---

1 强相互作用是四种基本相互作用之一。基本相互作用，指的是物质间四种最基本的相互作用，包括强相互作用（又称强相互作用力）、弱相互作用（又称弱相互作用力）、引力相互作用（又称万有引力）和电磁相互作用（又称电磁力）。——编者注

如果将整个地球压缩成一个黑洞，那么地球将会是一颗弹珠大小。

量。黑洞的大小（未旋转且未吸收物质的情况下）仅取决于其质量 m，并且可以使用卡尔·施瓦西于 1916 年在相对论框架下发现的一个公式进行计算。以他的名字命名的施瓦西半径 R_S 的公式是：$R_S = 2Gm / c^2$。G 是牛顿的万有引力常量，c 是光速。这意味着任何已知质量的物体，可以计算出它坍缩成黑洞时的大小。太阳的施瓦西半径约为 3 千米，地球的施瓦西半径约为 9 毫米——一颗弹珠的大小。一个典型的拥有 10 倍太阳质量的黑洞，它的施瓦西半径为 30 千米。银河系的所有恒星都将在施瓦西半径约为 0.05 光年的黑洞中有个位置。

超越地平线——但是去向哪里呢？

黑洞不仅是最简单的，还是宇宙中最疯狂的物体。它们的引力是如此之大，以至于根据相对论，它们不仅可以弯曲光，甚至可以迫使光在一定距离内围绕着它们形成圆形路径。黑洞周围，左右互换，而且从数学角度看，黑洞内部的空间和时间也都发生了互换。在那里，人不能在空间里随意走动，也无法在某一处稳稳站立，而是会被无情地吸到中心，也就是时间已经结束的地方。在旋转的黑洞附近，时空也以某种方式旋转，从理论上看，这甚至

如果光线在黑洞附近通过，它们实际上会向后弯曲。在不旋转的黑洞半径的1.5倍距离处，光线甚至可以永远以圆形路径围着黑洞旋转。如果是更近的距离，光线完全没有逃脱黑洞的机会。

使得时间旅行成为可能。

黑洞的外边界称为事件视界。（如果黑洞不旋转，那么它就像一个半径为施瓦西半径的球体。）对在安全距离处的观察者来说，时间停滞在事件视界上。这种引力时间膨胀遵循广义相对论。从外面看，所有落入黑洞的东西都不会消失在视界后面，而是"粘"在视界上，作为残影变得越来越红、越来越微弱。这就是黑洞曾被称为冰冻恒星的原因。

"黑洞的边界，即事件视界，是由刚好不能逃离黑洞，只能永远绕着黑洞盘旋的光线在时空中的路径形成的。这有点像你试图从警察那里逃脱，但总是只比警察快一步，不能彻底逃脱的情形！我们还可以把事件视界想象成阴影的边缘——即将来临的厄运的阴影。"

从掉入黑洞的物体的角度看，事件视界后是无情地持续下坠，坠入深渊。不建议你出于好奇而进行这种涉及无底深渊的研究探险。首先，你不可能将任何发现传递给外部世界，因为事件视界不允许任何信息的传递。其次，牺牲自我去探索黑洞神秘中心的尝试注定会失败，因为没有什么能够抵抗黑洞的潮汐力。一切事物都会像意大利面一样被拉长，并被残酷地撕裂。就恒星级黑洞来说，这种情况在事件视界之外就发生了。虽然超大质量黑洞的边界最初可以安全通过——游客最多可以在这里停留一小时，直到一切彻底粉碎，落到黑洞中心；但是，对一个具有 10 倍太阳质量的恒星级黑洞来说，安全停留的时间仅有千分之一秒多一点。

"很抱歉，我不得不让未来的银河系旅客失望了，但这种假设是不成立的。如果你跳进一个黑洞，它会把你撕裂并杀死。但是从某种意义上说，构成你身体的粒子最终可能会进入另一个宇宙。但我不知道对在黑洞中被拉成意大利面的人来说，知道自己的基本粒子可以存活下来，会不会感到很欣慰。"

只有理论物理学家才能提供有关黑洞内部的信息。那里发生了什么可怕的事情？一切都被粉碎了吗？基本粒子会消失吗？

如果一个时空旅客轻率地进入一个黑洞，潮汐力会将他纵向撕裂。

更有可能的是能量的异常密集，或者是时空本身的终结。也许会有一扇穿越时空的大门打开并通向另一个宇宙，或者甚至点燃一场新的大爆炸？

1964 年，彭罗斯证明，曲率奇点是引力坍缩的一个不可避免的特征，广义相对论因此在黑洞中心失去了有效性，因为这里的物理参数假定为无意义的零或无穷大的值。霍金与彭罗斯一起完善了这个结果，并将其延伸应用于大爆炸奇点。

在相对论的框架下，无法回答黑洞中心究竟发生了什么。回答这个问题需要量子引力理论，一个目前还没有实验证实的候选理论。而且，这个理论必须解决另一个难题：根据相对论，黑洞的整个质量都在中心的奇点上。这是一个冒险且实际上也站不住脚的想法。因为在静态黑洞[1]中，奇点是一个不可扩张的点，而在旋转黑洞[2]中，奇点是一个无限薄的环。这样的奇点如何容纳那么多恒星和星团呢？惠勒用"没有质量的质量"的说法，将这个悖论发挥到了极致。

黑洞的用途

长期以来，黑洞激发了科幻小说家的想象力。但是，科学家们的创造性

---

1 即只有质量，没有角动量和电荷，呈球对称的施瓦西黑洞。——编者注
2 即有质量和角动量，没有电荷，呈轴对称的克尔黑洞。——编者注

先进文明可以在旋转的小黑洞周围建造城市。黑洞将是理想的垃圾吞噬器。先进文明还可以从黑洞中吸取角动量，以获取能量或将飞船弹入太空。

想法也毫不逊色。这尤其表现在根据已知的自然定律，"引力怪兽"的一个可能用途！

黑洞是"杂食动物"。即使是最危险的废料也可以丢弃到黑洞中，让它永远消失。另外，还可以从黑洞中获得大量的能量。因为旋转黑洞的能量约有20%（比太阳在其存在过程中产生的能量高出数千倍）存储在能层[1]上。事件视界外的这一扁球体区域，实际上跟着黑洞这个引力怪兽的旋转而急速旋转。穿过能层飞过黑洞边缘的物体能利用黑洞旋转的能量，并被极大地加速。

科技先进的文明可能会利用黑洞来发射飞船，或作为一种几乎不会减少的能源。

同样的原理也可能被滥用于开发毁灭性武器。如果一个黑洞被凹面镜完全包裹，它就可以被用作引力炸弹。你所要做的就是通过凹面镜球形舱上

---

1 黑洞旋转产生的能量会扭曲时空本身，制造一个环绕事件视界的时空区域，这个区域被称为能层。——编者注

制作引力炸弹，你只需要一个在凹面镜中心的黑洞、手电筒和软木塞。

的舱门把光照进去——一个手电筒的光就足够了——然后关上舱门。光在凹面镜中不断地来回反射。每当它穿过能层时，它就会获得能量。这种巨大的增强作用会累积巨大的压力，直到凹面镜破裂。之后，辐射会一下子被释放出来。与之相比，原子弹爆炸就像是一根火柴点着时的闪光。但是，要在现实中实现引力炸弹，技术上还需要极其巨大的努力。幸运的是，这种想法非常难以实现。

时空涟漪

1971 年，霍金发表了一篇有关黑洞引力波的文章。这一灰色理论，或者说黑色理论，有一天会闪耀着真理的亮光，但这在当时并不是显而易见的事。不过，在这篇只有三页的论文中，有一个重要的发现很快就引起了关注——"黑洞面积"定理，这是有关黑洞增长的突破性定理。霍金后来总结道：

"当两个黑洞碰撞并合并时，所得黑洞的面积将大于原始黑洞的面积之和。"

同时，这个定理可以通过天文测量来检验。就像霍金想的那样，借用引力波的帮助。（顺便说一句，在20世纪70年代，霍金不仅与当时的学生加里·吉本斯对此进行了进一步的研究，甚至还申请要建造探测器。）如今，人们已经实现对这些时空涟漪的直接探测。一支由1000多名科学家组成的国际团队在2016年宣布成功探测到了引力波。

爱因斯坦在1916年预言了引力波的存在。广义相对论的成功见解之一

黑洞的碰撞使时空产生涟漪。跨越数亿光年的距离，这种涟漪仍然可以被测量到。

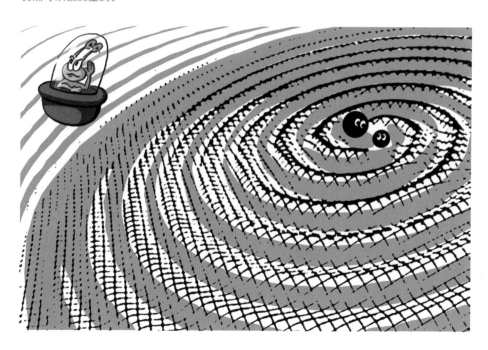

是：时空不是一个被动的背景舞台，在这个舞台上上演的宇宙戏剧不对舞台产生任何影响。相反，时空是宇宙剧院里的活跃演员，并帮助"创作"了宇宙戏剧。质量和能量与空间和时间相互作用，甚至可能使时空产生起伏。

激光干涉引力波天文台（Laser Interferometer Gravitational-Wave Observatory，简称 LIGO）的测量结果再次证实了爱因斯坦的大胆想法。LIGO 由两个激光干涉仪组成，每个干涉仪由两条互相垂直的激光臂构成，每条臂长 4000米。两个干涉仪分别位于美国华盛顿州的汉福德和路易斯安那州的利文斯顿，相距 3000 千米。精确测量的两束激光的叠加图样可以检测激光束长度的相对变化，而这个变化小于 10^{-21} 米——这意味着以头发直径的十分之一的精度去测量太阳和最近的恒星之间的距离。

这使得捕获约 14 亿光年外的黑洞的引力波成为可能，这些黑洞最初以极快的速度绕着彼此旋转，然后剧烈地碰撞并最终融合在一起。最初探测到的 5 个信号来自质量在 7 ～ 36 倍太阳质量之间的黑洞。黑洞的碰撞在一秒钟之内释放的能量比可观测宇宙中所有恒星在同一时刻释放的能量还要大。

这些测量结果不仅是物理学的胜利和天文学上的趣事，对黑洞理论也非常重要。因此，霍金非常热烈地向 LIGO 团队表示祝贺。他有充分的理由高兴，因为数据证实了他的黑洞面积定理。

"这些测量结果可以检验广义相对论中强大和高动态的引力场。数据符合我的预测，即最终黑洞的表面积大于两个原

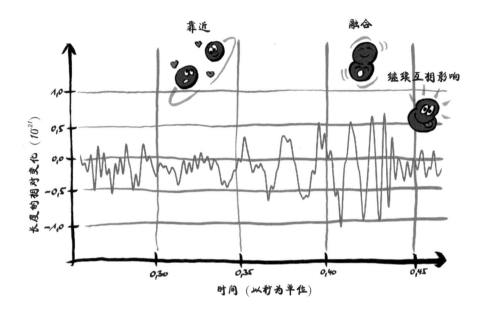

靠近　　　融合

继续互相影响

长度的相对变化（10^{-21}）

1,0
0,5
0,0
-0,5
-1,0

0,30　　0,35　　0,40　　0,45

时间（以秒为单位）

GW150914 是 LIGO 检测到的第一个引力波信号。它源于两个黑洞的螺旋形缠绕运行和碰撞，以及两者融合后的最后一次震荡。

始黑洞的表面积之和。测量结果也符合无毛定理。"

引力波的首次测量也是一个爆炸性的惊喜。相对论又一次在从前难以进入的领域以极高的精确度被测试，并且再次完美地通过了考验。如果引力怪兽不仅仅指黑洞，而是隐藏着黑洞以外的东西，那么引力波早晚会揭示出来。此外，对时空涟漪的测量已经对天体物理学家提出了挑战：他们必须解释，数量如此多的巨大的成对的黑洞是如何形成的。现在的推测是：这些黑洞是在宇宙的第一瞬间由于密度的剧烈波动而形成的，而且可能仍然作为暗物质在今天的宇宙中占据着主导地位。如果这是真的，那将充分印证霍金关于大爆炸产生太初黑洞的猜想。

霍金的小测试

1. 黑洞为什么是黑色的?

☐ a. 因为光避开了引力

☐ b. 因为没有事件从它们的视界中逃脱

☐ c. 因为它们具有坚固的深色表面

2. 黑洞是如何产生的?

☐ a. 总是在超新星爆发后

☐ b. 从巨大恒星的坍缩中诞生

☐ c. 当白矮星被撕裂时产生

3. 哪里有超大质量黑洞?

☐ a. 在大多数星系的中心

☐ b. 在脉冲星[1]中

☐ c. 在双星系统中

4. 无毛定理说明了什么?

☐ a. 所有黑洞均为黑色

☐ b. 黑洞没有属性

☐ c. 黑洞除了三个属性之外，都是一样的

5. 引力波测量说明什么?

☐ a. 黑洞在宇宙中很常见

☐ b. 经典理论是不够的

☐ c. 相对论不正确

答案: 1.b 2.b 3.a 4.c 5.a

---

1 即旋转的中子星。——译者注

黑洞不黑

"我经常依靠直觉来猜测一个结果，但随后我必须证明它。在这个阶段，我经常发现事情并不是我想象的那样，或者有一个我从未想到的完全不同的情况。我就是这样发现黑洞不完全是黑的。我想证明一些完全不同的东西。"

　　黑洞被认为是无法克服的引力陷阱，甚至可能会爆炸！这一令人惊讶的发现可以说是霍金最重要的科学成就。它不仅连接了三个先前分离的物理领域，而且对人们理解宇宙中最小和最大的事物都产生了影响。如果黑洞再次坍塌，那么已经落入其中的物质又会怎样呢？霍金对此已经多次改变了看法，甚至还一度思考过黑洞究竟是否存在。

　　如果物理信息消失，基本自然定律将被违反，例如能量守恒定律。然后，幽灵可能会从智能手机里飘出来，而粉红色的食蚁兽可能会在烤箱中跳着波尔卡舞。为了恢复宇宙的秩序，霍金甚至在一次打赌中认输了。

爆炸性观点

经典黑洞的事件视界永远不会缩小，当黑洞吸收物质时，它只能扩大。霍金在广义相对论的框架中证明了这一点。于是，雅各布·贝肯斯坦注意到黑洞的这个特征与热力学主要定律的相似之处，根据该定律[1]，熵只能在统计平均值上增加（或在平衡中保持恒定）。熵是系统无序度的量度。贝肯斯坦还表明，黑洞的熵与其事件视界的面积成正比。这听起来很抽象，事实上也确实很抽象。但在这一观点的背后却是一个巨大的炸弹，正如霍金在1973年认识到的那样。

像自然界的所有系统一样，黑洞也应该有熵——黑洞越大，熵也越大。但是有熵的事物也就有温度，而有温度的事物一定会散发热量。这意味着黑洞并不完全是黑的，而是会发出辐射，尽管很少。1974年，霍金投下了一颗"炸弹"——首先是在一次演讲中，然后是在专业的出版物中——黑洞逐渐蒸发，最后甚至会爆炸！这一发现，连同他对大爆炸奇点的研究，使得霍金在物理学界举世闻名，并且将始终是科学史上的一个里程碑。他的研究结果首次（初步）将物理学的三个基本领域——广义相对论、量子物理学和热力学联系了起来，在此之前它们基本是各自独立的。霍金认为，事件视界上的量子效应会从黑洞的引力场中吸收能量。

---

1 即热力学第二定律。——编者注

霍金的结论是：黑洞的质量越小，发出的辐射越多。通常情况下，黑洞的温度很低，一个恒星级黑洞的温度只比绝对零度（-273.15 ℃）高千万分之一摄氏度。（目前，在升高了约 3 ℃的宇宙背景辐射中，黑洞吸收的辐射远大于其损失的辐射。）但是，如果宇宙永远膨胀并且可以变老，那么根据霍金的理论，所有的黑洞最终都会蒸发掉！

一个黑洞最终爆炸的能量是巨大的，相当于 1000 万颗原子弹同时爆炸，每颗原子弹的爆炸威力为 100 万吨级。对恒星级黑洞来说，这个过程需要 10^{66} 年以上的时间，而对星系中心的超大质量黑洞来说，甚至需要长达 10^{100} 年的时间（1 后面带 100 个 0！）。但这就是事实，而事实会发生。在这之后，引力坍缩在时空中造成的伤口可能会完全愈合。

"大爆炸和黑洞的爆炸相似，只是它的爆炸规模是无与伦比的。如果你了解黑洞是如何产生粒子的，那么你或许也能理解大爆炸是如何产生宇宙万物的。"

大爆炸产生的黑洞？

霍金辐射能否被测量还是个问题。霍金肯定会因此获得诺贝尔物理学奖，但他等不到已知的黑洞完全蒸发，因为黑洞蒸发要花的时间比宇宙存在至今的时间还要长得多。

即使是普通黑洞的终结也需要很长时间。但是，霍金和其他科学家认为，黑洞也可能是在大爆炸的混沌中由随机的密度波动产生的。这些所谓太初黑洞可能很小，只有一个质子（半径 10^{-13} 厘米）那么大，并且寿命比黯淡的恒星废墟短得多。

"一个太初黑洞可能比原子核还小，但它的质量可达 10 亿吨，相当于一座富士山的质量。它可以释放出与大型发电厂一样多的能量。"

也许时至今日，太初黑洞仍在宇宙中四处蔓延，并发出强烈的伽马射线作为最后的信号。即使是一个直径千分之一毫米的黑洞，霍金辐射也是相当可观的，它的质量和月球差不多（约 7.349×10^{22} 千克）。质子大小的黑洞质量相当于一座小山（约 10 亿千克），而且温度高达 10 亿摄氏度。它们不仅喷射光子，还发射电子和正电子。目前正在不断蒸发的太初黑洞最开始应具有 5 亿千克的质量，而且应是在大爆炸之后的 10^{-23} 秒内产生的。但是，到目前为止，伽马射线望远镜还没有捕捉到这种微型黑洞闪光的迹象。但如果这些微型黑洞会闪光，也将相对罕见，每立方光年和每个世纪最多一次。

在极其特殊的情况下，微型黑洞甚至可以在地球上的粒子加速器中形成。

在实验室中创造黑洞非常酷，而且这些黑洞会立即因释放霍金辐射而消解。因此，完全没有危险，不用担心它们会意外吞噬地球！不过无论如何，为此需要的能量可能确实太大了。

它们比质子直径的千分之一还小，并且质量相当于大约 5000 个核子[1]。（然而，除了宽度、高度和深度之外，这种微型黑洞只有在至少有两个额外的、直径超过 10^{-9} 米的巨大空间维度的情况下才会出现，但这纯属推测。）这些微型

---

1 核子，组成原子核的质子和中子的统称。——编者注

黑洞会立刻再次爆炸，因此不对地球构成任何威胁。此外，它们还必须通过不断从宇宙射向地球大气的辐射粒子，在自然界中自发形成。它们的能量比将来所有可预见的粒子加速器中的任何粒子碰撞产生的能量都要大得多。在实验室中创造微型黑洞并不危险，反而是 21 世纪物理学的一大闪光点。这是人类第一次应用量子引力效应，并且还可以印证之前推测的理论。

顺便说一下，随着宇宙膨胀得越来越快，它本身也会产生霍金辐射，正如自 1998 年以来的天文测量显示的那样。不过在 1977 年，霍金与吉本斯计算出疯狂的量子效应时，可能并未料想到这一切。这是一个概念上的类比结论：如果宇宙迅速膨胀，那么它拥有事件视界——就像是一个向内的黑洞，它应该非常微弱地发着光。因此，即使在无限时间内，宇宙也无法冷却到绝对零度。

"一个膨胀得越来越快的宇宙，会表现得好像它有一个有效温度[1]，像一个黑洞一样。"

虽然直接检测霍金辐射还有很长的路要走，但已经有了间接观测到它的方法。霍金辐射也应该能在具有声音视界的系统中表现出来，而不仅仅只

---

1 有效温度指的是释放相同总电磁辐射量的黑体的温度。黑体是热力学术语，是一个理想化的物体，它能够吸收外来的全部电磁辐射，并且不会有任何的反射与透射。——译者注

快速电流可以在没有引力的情况下产生霍金辐射——原则上，即使在浴缸中也可以产生。已经有了初步的实验证据可以证明这种类比效应。

存在于如黑洞边缘那样的光视界。声音视界可以在超低温的量子系统中由几个原子产生，也就是从所谓"玻色 - 爱因斯坦凝聚体"中产生，甚至在浴缸的水流中都可以产生。实际上，已经有初步的实验表明这种视界有微弱的辐射。但是，目前尚不清楚这种效应在科学家所谓"模拟引力"系统中到底意味着什么。

霍金的墓碑方程式和上帝的骰子

霍金认识到黑洞会蒸发，这对人们理解自然界产生了巨大影响：宇宙比任何人想象的都要更加随机。这意味着，机会主宰世界的程度比已经预见到的对量子物理学的一般解释还要令人震惊（例如，没有原因的放射性衰变）。对此，爱因斯坦直到生命的最后一刻都持反对意见，他说："上帝不会掷骰子。"而霍金将爱因斯坦的这一名言引用到黑洞上，将其发挥到了极致：

> "引力为物理学带来了新的不可预测性，远远超出了与
> 量子理论相关的通常的不确定性。在宇宙上，上帝不仅掷骰子，
> 有时甚至把骰子掷到我们看不见的地方。"

霍金在他巧妙的小幽默中不仅提及爱因斯坦，还提到了物理学家路德维希·玻尔兹曼。在维也纳中央公墓，玻尔兹曼的墓碑上刻着他发现的熵公式：$S = k \log W$。他已经认识到如何计算熵 S。这一热力学量是大量粒子（例如，贮气瓶或香槟瓶中的分子）的无序程度的量度。S 由玻尔兹曼常量 k 乘以数 W 的自然对数得出，W 是在不改变宏观外观的情况下排列微观粒子的可能性数。

霍金关于黑洞量子辐射的开创性认知基于玻尔兹曼的定义，因为霍金证明了每个黑洞也具有熵 S，因此也有温度。S 与黑洞的"表面积"成正比，更准确地说，与事件视界的面积 A 成正比；否则，S 仅取决于自然常量：玻尔兹曼常量 k，光速 c，普朗克常量 h 和引力常量 G。黑洞的熵为 $S = Akc^3/4hG$，正如霍金所认识的那样。2002 年，在霍金 60 岁生日之际，他玩了把小幽默并宣布：

　　方程式是永恒的，甚至可以刻在墓碑上，例如玻尔兹曼著名的熵公式。霍金也想要这样的纪念碑。

"我想把这个简单的公式刻在我的墓碑上。"

消失得无影无踪?

根据无毛定理，导致黑洞产生的引力坍缩将一切都变得一样，使黑洞无法显示内部正在发生什么。因此，无法得知黑洞的过去。例如，坍缩恒星的磁场是什么样的，它具有怎样的温度和表面结构，它是由物质还是反物质构成的，坍缩后又有什么东西掉入了黑洞，等等。

如果黑洞没有"毛发"，那我们就没法知道它们里面藏着什么。

"信息的丢失对经典物理学来说还不是问题。经典黑洞将永远存在，我们可以假设其中的信息被保存了下来，只是并不太容易获得。"

这些信息只有跳入黑洞的敢死队才能获得，黑洞外的任何人都无法知道。但是，随着科学家发现黑洞由于量子效应而逐渐蒸发，情况发生了巨大的变化。如果如物理学家所说，霍金辐射是热辐射，那它就是纯粹统计性质的，也就是说，是随机的，那么会产生一个惊人的后果，正如霍金在1975年发现的那样。因为从理论上讲，人们将永远无法弄清楚黑洞曾经吞噬了什么——尘埃、恒星或是纳税申报表（那就好了）。

"我们相信我们可以像阅读一本打开的书一样通读过去。但是，如果信息会在黑洞中丢失，那么情况就截然不同。那样的话，一切都有可能发生，而我们无法重建它们。"

对未来的预测也会受到影响，但这还不是全部。

"信息不能完全无偿地传输，至少在我们收到电话费账单时就能意识到这一点。信息需要能量来传输，而在黑洞的最后阶段只剩下很少的能量。那么信息要如何从黑洞中出来呢？"

根本出不来！至少霍金得出了这一令人震惊的结论。因为如果黑洞完全蒸发，曾经被吞噬的所有信息都会消失。不过，这在日常生活中无关紧要，毕竟每个人都会时不时地搞搞小破坏，把东西放错地方或者是忘记某些事情，但这并不违反任何守恒定律。守恒定律是物理学的卓越基石，所有自然定律都以此为基础。因此，如果所有消失在黑洞中的物理参数都永远消失了，那么物理书也就是废书了。能量守恒定律和其他基本定律失效，已经由实验成功验证的量子理论将不得不像纸牌屋一样坍塌。

霍金输了的赌注

因此，如果霍金的结论是正确的，物理学的基础就已经动摇了。当然，大多数科学家并不想接受这一点。他们怀疑这个结论中至少有一项前提条件是错误的。他们还希望未来出现一个将广义相对论与量子理论结合起来的量子引力理论，可以反驳霍金的结论。但可惜，这种理想化的"万物理论"目前仍是一座空中楼阁。

霍金，一个自己也很怕鬼神的人，却坚持了这一观点很久。他甚至与物理学家约翰·普列斯基尔打赌，赌黑洞中的信息将会丢失。赌注是一套棒球百科全书，"一套可以从中获取信息的书"。他们在 1997 年签下了这个有点幽默的赌约，但这并没有阻止霍金去寻找摆脱悖论的可能性。例如，1988年，他推测黑洞中消失的信息最终会进入另一个宇宙。因为黑洞的中心可能并没有大爆炸那样的奇点。相反，黑洞中心可能会通向一个平行宇宙。霍金还推测其他宇宙与我们的宇宙会相互作用。这样，他们甚至可以让那些令人费解的自然常数值变得可以理解。（特别是爱因斯坦广义相对论中神秘的宇

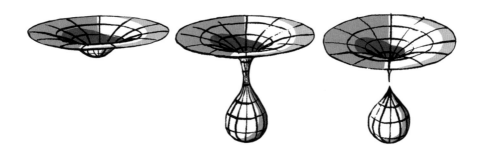

　　如果一个新的宇宙在黑洞的中心形成，那就可以解释大爆炸及坍缩物质的命运。但是，婴儿宇宙必须剪断脐带并且逐渐成长。

宙常数，针对它较低的值还没有一个合理的解释。）但是，当其他宇宙进入我们的宇宙时，我们这个宇宙的平衡就变得困难了。因此，这些假设的推进变得举步维艰。几乎可以推测它们被束之高阁，或者进入了一个充满不愉快想法的"婴儿宇宙"[1]……

　　自1975年霍金发表论文以来，物理学家就敏锐地对信息悖论进行了深入细致的讨论。迄今为止，关于该难题已经有近1000篇科学论文被发表。研究者们提出了很多解决方案，但科学界尚未达成共识。

　　大多数专家都不相信黑洞里的信息被破坏了。有些人认为，如果事件

---

1 霍金认为黑洞吸收的粒子不会永远存在于黑洞内，而是会被黑洞从另一个时空释放出来，这个另外的时空像是被黑洞所在的宇宙"生"出来的，所以称之为婴儿宇宙。我们所在的宇宙可能也是一个婴儿宇宙。——编者注

视界像剧场幕布一样被拉开，被吞噬的物质一定会重新出现，即使是以被粉碎的状态出现。还有人推测在黑洞中心有高度压缩的信息晶体，它像顽固的记忆一样存储着所有的信息。其他研究人员则认为，霍金辐射所带出的信息再次逃离了引力深渊。那么，霍金辐射就并非是纯粹的热辐射，也就是说，不像霍金假设的那样是随机的。相反，曾经交织在一起的复杂信息应该存储在霍金辐射里面，就像如果这本书被烧掉，它的内容仍存在于温度和灰烬中。此外，还有信息被复制保存在黑洞的视界和"软毛"上的猜测。

2004 年，霍金在都柏林的相对论会议上出乎意料地撤销了他最初的观点。他试图证明黑洞不能永远破坏信息，但信息也无法逃到平行宇宙中去。

"很抱歉要让科幻小说迷失望了。但是，如果保留了这些信息，就无法通过黑洞前往其他宇宙。如果你跳入一个黑洞——可能会被分解——包含你的信息的物质和能量将返回我们的宇宙，尽管可能是以无法识别的状态返回。"

霍金认为，物质和能量的信息（即物理性质）如果进入黑洞，将不可挽回地被破坏，这一观点引起了物理学家的激烈讨论。尽管霍金后来改变了主意，但这种情况仍然极具争议。他现在认为，当黑洞蒸发时，信息会从黑洞中逸出，甚至留在黑洞附近。但是，这将不得不修改黑洞无毛定理。

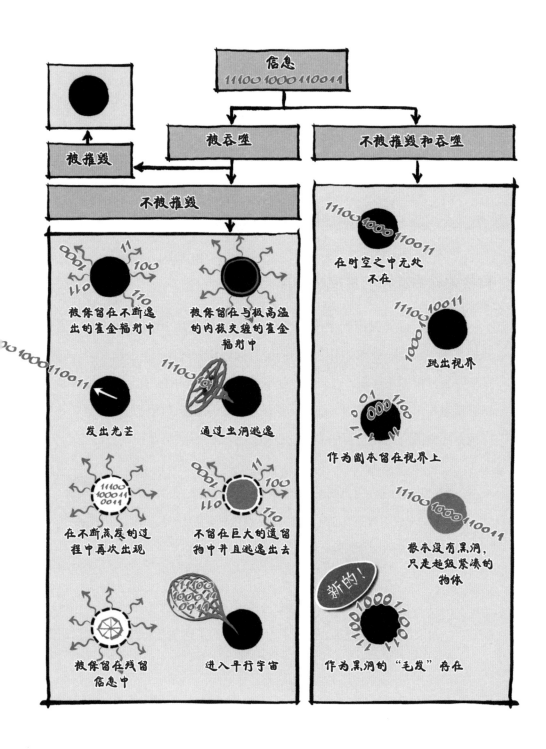

对许多同行来说，这一新的推论仍是不成熟的、晦涩的，甚至无法理解的。但是在演讲之后，霍金把一套厚厚的书——一套棒球百科全书——带到了台上，并在热烈的掌声中交给了约翰·普列斯基尔。实际上，霍金输掉了他 1997 年的赌注。

但是信息悖论还没有结束，对霍金来说也一样。

有着柔软毛发和一片混乱的黑洞

2013 年，霍金又回到了信息悖论的研究中，并在 2014 年发表了一篇简短的文章，标题很奇怪，叫《黑洞的信息保存和天气预报》。在文中，他怀疑事件视界根本不存在，这在某种程度上质疑了黑洞的存在。这引起了混乱，尽管霍金并未否认视界的存在，但在视界后，坍缩物质的信息消失了。只有当视界随着黑洞的蒸发而消失时，这些信息才会再次出现。

"从光线无法逃逸到无限远的区域的意义上说，没有事件视界意味着没有黑洞。但是，似乎有一些视界会持续一段时间。这意味着黑洞应被重新定义为引力场的亚稳定束缚态。"

也许可以说得更简单些：黑洞变得和过去不同，或者说看起来不再像以前那样。如果没有事件视界，物理学家近年来为了解决信息悖论而研讨出的理论上的一些复杂假设也成了过去式。例如，黑洞蒸发后可能留下的中央信息核心，视界后的毁灭性火墙或视界上的信息副本。简而言之，信息应该在时空中继续存在，尽管可能是以十分混乱的、像天气预报一样无法准确预测的形式——这也解释了霍金文章的奇怪标题。

　　然而，信息如何被保存在辐射中，尚未可知。但是霍金没有放弃。2015年，霍金在斯德哥尔摩举行了一场讲座，其中提出了解决信息悖论的新思路，并且不再延续他之前的研究工作。

如果黑洞上有小毛，落入它们中的物质的信息就不会永远丢失。

"黑洞不是人们想象的那样是永恒的监狱。事物可以从一个黑洞中逃逸，向外或是可能进入另一个宇宙。我现在想提出一个新的观点：信息不像大家期望的那样存储在黑洞内部，而是存储在黑洞的边界，即事件视界上。如果你觉得自己在一个黑洞中，请不要放弃，总会有出路的。"

在 2016 年与马尔科姆·佩里和安德鲁·施特罗明格合著的一篇文章中，霍金详细阐述了他的假设。虽然假设还有许多内容不清楚、不完备，但还会有更多相关出版物发表。其基本观点是：黑洞周围可能存在各种不同的真空状态——可以叫作空洞，当有物体从中穿过时，真空状态就会发生变化。这些真空状态保存了被压缩的信息。这否定了信息悖论的先决条件，因此最初的推论就不再有说服力了。

目前尚不清楚信息是如何在霍金辐射中重新出现的，且信息不可能是纯粹随机的。最终，霍金和他的同事们相信，黑洞长着微小的"柔软的毛发"，由存储信息的无能量粒子（光子和引力子）构成。（早在 20 世纪 60 年代就有物理学家做出了这一推测。）

"有关坍缩粒子的信息会再次从黑洞中出来，但形式非常破碎、混乱，而且没有用处。这解决了信息悖论。但是，从实际用途来说，信息等同于丢失了。"

即使黑洞不会破坏信息——在这个问题上还没有最后的定论——信息仍然无法恢复。因此，假设有一个狡猾的政客将伪造的票据沉入险恶的黑洞中，以掩盖捐赠丑闻，我们是没法重塑假票据的。通过这种方式识破骗子的诡计的可能性非常渺茫。但是，如果有一天信息从不断蒸发的黑洞中传出来，那么至少这些可耻的举动不会在宇宙中隐藏起来，严格来说，永远也不会从这个世界上消失。

霍金的小测试

1. 为什么黑洞不是全黑的?

☐ a. 因为霍金不希望上帝掷骰子

☐ b. 因为黑洞只在奇点处有质量

☐ c. 因为它们由于量子效应而产生辐射

2. 如今在不断蒸发的黑洞有多重?

☐ a. 和原子一样重

☐ b. 和一座山一样重

☐ c. 和月球一样重

3. 霍金输了的赌注是什么?

☐ a. 棒球百科全书

☐ b. 黑巧克力

☐ c. 一个黑色微型黑洞

4. 为什么"信息悖论"是一个问题?

☐ a. 因为霍金辐射是随机的

☐ b. 因为黑洞不是完全不留残余地蒸发

☐ c. 因为会违反能量守恒定律

5. 霍金最新的想法是什么?

☐ a. 信息进入平行宇宙

☐ b. 黑洞有毛发

☐ c. 黑洞留下丰富的信息

答案:1.c 2.b 3.a 4.c 5.b

未来和时间旅行

"究竟为什么时间一定要有一个方向？为什么我们记住的是过去而不是未来？"

　　早上被无线电闹钟吵醒，匆忙地吃完早餐，然而上班还是迟到了。到了公司，就是无休止地开无聊的会议，有时午休时间也会被占用。还要为纳税申报表或产品证书的截止日期而烦恼，几乎等不及要结束一天的工作，但不出意外地又遇到了晚高峰的交通拥堵。这时候我们会感叹，为什么下棋、看一本好书或是在假期探险的时候，时间就过得那么快呢？时间就像一个永恒的伴侣，但没有人真正知道它是什么。它来自哪里，流向哪里？它可以转身吗？是否有可能去遥远的未来或过去旅行呢？我们能消除自己犯的错误或提前知道下个月的彩票号码吗？

　　霍金对这些问题的思考几乎比我们任何人都要更深入。在这个过程中，他不仅提出了"时序保护猜想"，也犯下了他个人最大的错误。

无序的力量

如果看到堆肥[1]中生成一个红苹果，一滴牛奶从咖啡杯中跃出，地板上的碎片恢复成了一个玻璃杯，我们可能感觉看了个错误的视频，或者说是倒着播放的视频。因为自然界中所有复杂的过程都是不可逆的。即使是一些重复性的过程，例如季节更迭或月亮的阴晴圆缺，也都在不可逆的发展过程之中。这也是为什么事物存在并且不断发展比变成废墟灰烬的可能性小得多。

混乱无序远远超过了有序。这一状况甚至可以在物理上准确地描述——熵，即系统无序度的量度。例如，对咖啡中的一滴牛奶来说，相对于均匀而无序的混合，它的分子能够保持自我排列的可能性要低得多。

"无序程度随着时间的推移而增加，因为我们是在无序程度不断增加的方向上测量时间的。"

根据热力学第二定律，熵只能增加。在个别地方建立秩序与这个说法并不矛盾，因为个别地方的秩序只能以整体上更大程度的混乱无序为代价。建立起复杂的结构——有序的结构——是有可能的，但这种可能性是因为它伴

---

1 堆肥是利用各种有机废物（如杂草、树叶、餐厨垃圾、人畜粪尿等）为主要原料，经堆制腐解而成的有机肥料。——编者注

整洁的办公桌有其代价。只有以整体环境的更大混乱为代价，办公桌才能保持有序。

随着整体环境的更大混乱。如果要整理一张桌子，就需要力量，因此需要吃更多的苹果，而这些苹果是从太阳的核聚变过程中获得能量的。桌子越来越整齐，但太阳系的混乱正在加剧。因此，热力学第二定律标志着时间的方向，它"流"向整体上更大的熵。一切都在朝着无序发展。

但这不是时间方向问题的解决方案，而是其本质。因为所有已知的自然基本定律都是时间对称的：它们没有倾向的时间方向，也不区分未来和过去。因此，每个进程都可以逆转。但是现实中，为什么进程不倒着运行呢？

如果我们坚信热力学并将时间方向等同于熵的增加，那么上面这个问题就是荒谬的了。但事态发展可以交替地前进或后退，或者根本不发生变化。因此，霍金也强调，熵并不是解决问题的方案。时间的"流动"仍然是一个谜。没有人知道它通向哪里，从哪里来，以及为什么存在。

如果时间倒流

许多宇宙学家和物理学家，包括霍金在内，都认为时间方向与空间膨胀之间存在紧密联系。在量子宇宙学的最佳模型中，时间不再作为一个基本量——一个独立的物理参数出现在方程中。在这里，宇宙膨胀显示了时间的方向，甚至可能扩大了熵增加的范围。宇宙膨胀与时间方向之间的这种联系也适用于霍金的模型。

时间可以倒流吗？如果可以，沙子将在沙漏中升起，星星会收起它们的光芒。

"如果宇宙停止膨胀，并且开始收缩，将会发生什么？"

霍金在 20 世纪 80 年代初就问过自己这个问题。此前曾有人推测，如果宇宙在遥远的未来会缩小，而不是膨胀扩大，时间箭头可能会倒转。如果宇宙的总质量超过临界值，或者爱因斯坦的宇宙常数为负，那么宇宙坍缩并最终发生爆炸的结果似乎是不可避免的。尽管过去几年的天文观测都与这两种说法不符，但坍缩的可能性可能永远无法被完全排除。

不管最终的爆炸是否会发生，研究宇宙坍缩的后果对理解时间都非常重要。如果热力学第二定律在收缩的宇宙中逆转其方向，一个充满奇迹的时代就会到来！从今天的角度来看，辐射将汇聚成恒星，苹果将在堆肥中生成并长回到树上，人们将从灰烬中重生，并越来越年轻，最后消失在子宫里。

"这为那些生活在宇宙收缩阶段的人提供了大量科幻小说般的可能性。他们会看到地板上的杯子碎片重聚在一起，然后弹回桌子上吗？他们会记得明天的股价，并在股市上发大财吗？"

实际上，在 1985 年与哈特尔提出无边界设想来解释大爆炸之后，霍金就开始相信，当宇宙收缩时，他的模型中的热力学时间箭头会倒转，时间会倒流。

霍金最大的错误

但是大多数宇宙学家并不相信霍金的观点。彭罗斯早些时候就为何宇宙最终的大坍缩与最初的大爆炸有很大不同并且具有最大的熵提出了强有力的论据。（这个论据也同样适用于黑洞。）大爆炸后，空间肯定是非常均匀、光滑或平坦的，但是在大坍缩之前不久，由于存在许多黑洞，空间将变得极为不规则或弯曲。霍金的模型受到了严厉批评，但不是恶意的，而是科学探索的正常过程。批评是确保不断检验和改进科学理论的唯一方法。

反对者中还有唐·佩奇。霍金是佩奇的博士论文的第二审稿人。在完成论文之后，佩奇为了协助霍金的科研工作，从美国来到剑桥，并与霍金及其家人一起生活了几年。佩奇认为宇宙时间倒转没有令人信服的理由，并认为霍金的出发点有很多假设都过于简单。

霍金对此表示怀疑，并让他的学生雷蒙·拉弗莱姆来研究这个问题。但他的计算也与霍金的观点相矛盾。两人针对他们的模型计算讨论了数周时间，之后佩奇也加入了讨论。最终，佩奇和拉弗莱姆一起说服了霍金，让他相信了自己的错误。

"我犯了最大的错误，至少是物理学上最大的错误。原来是我的宇宙模型太简单了。如果宇宙进入收缩阶段，时间不会倒转，人们将继续变老。因此，等待宇宙坍缩以恢复青春是没

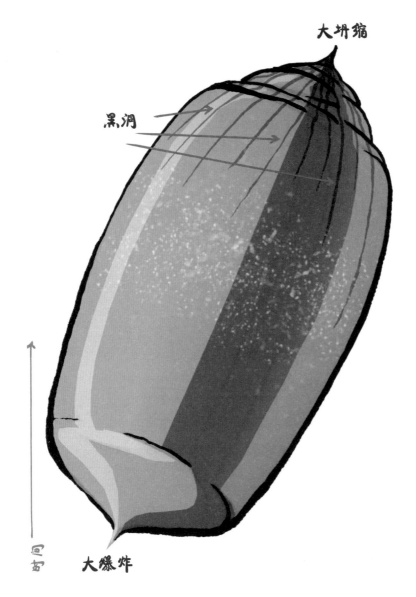

大坍缩

黑洞

时间

大爆炸

如果宇宙在大坍缩中灭亡，那么与大爆炸后的宇宙相比，大坍缩前的宇宙要不均匀得多。

有意义的。"

　　拉弗莱姆于 1988 年获得博士学位。1993 年，他与霍金、格伦·莱昂斯共同发表了论文，详细论证了时间无法倒流的观点。

　　未来的天文学家会观察到星系越来越近，宇宙的温度升高，但是黑洞将继续吞噬物质并持续增长，直到它们在宇宙的最后阶段合并，并占据越来越多的空间。因此，大坍缩不会是大爆炸的镜像，而是极不均匀的——时空被黑洞和其他引力效应完全弄"皱"了。（如果宇宙中的物质密度如此之高，以至于会发生大坍缩，那么它应该会发生在几十到一千亿年间——远远早于黑洞蒸发。）熵也将一直增加到最后，因为它的大部分都在黑洞中。

　　"如果发现自己犯了这样的错误，该怎么办？有些人从不承认自己错了，并不断寻找新的且常常是互相矛盾的论点来支持他们的观点。而对我来说，白纸黑字地承认自己错了，是一件更好、更清楚的事。"

未雨绸缪的思考

　　霍金很喜欢科幻小说。他甚至还在非常受欢迎的电视连续剧《星际迷航：下一代》中客串演出。在剧中，他与牛顿、爱因斯坦和安卓数据在全息

霍金打扑克。

甲板[1]上玩扑克，还赢了。

　　还有许多其他的著名物理学家也很热衷于读科幻小说，因为它们不仅仅是凭空创造出来的娱乐。科幻小说中有很多科学幻想，其中一部分已经被霍金以严格的科学方法研究过。重点不在于这些幻想是否现实或是否可行，而是在于探索在自然定律的框架内的各种可能性。

　　但是，哪些是从物理角度来看的可能性呢？可以打破基于狭义相对论

---

1 全息甲板，《星际迷航》中的一种临时的虚拟现实环境，能够让不同时空、地点的人物进行视觉与听觉的同步交流。——译者注

建立的"光障"，以便在宇宙中进行闪电般的短途旅行吗？甚至存不存在一个隐蔽的洞——通过维度的捷径和通往其他宇宙的大门？时间旅行是否可行，有没有飞往遥远的未来或者过去的航班呢？时间建筑师们能创造出一个崭新的、更好的未来吗？

"像《星际迷航》这样的科幻小说不仅是娱乐，它们还具有严肃的目的：拓展人类的想象力。科幻小说与科学之间的联系是双向的。科幻小说创造的概念有时会被纳入科学理论中，而有时科学发现的概念甚至比最奇特的科幻小说还要神奇。"

像哲学一样，物理学不仅是事实和自然定律的目录。至少基础研究包括了好奇心、想象的自由发挥以及未雨绸缪的思考。因为科学研究不是在偌大的开放式办公室里，按照既定规则进行的管理工作（尽管政治家、管理人员和控制人员可能喜欢这样的工作），而是一个充满创造性的过程。许多突破性的发现——有些现在是可获得经济利益的——都是在办公桌上、散步时或是在自助餐厅用餐交流时在餐巾纸上计算出来的。

就这样，科学家早在论证之前，甚至在提出究竟是否要寻找相应事物之前，就已经先构建出了许多概念，例如反物质和超导性，无线电辐射和引力波，中子星和黑洞，中微子和其他奇特的基本粒子，以及大爆炸留下的宇宙背景辐射和神秘的暗能量。

喝咖啡时闪现的灵感也很重要，有些甚至能解释世界。

虫洞和量子泡沫

　　空间和时间不是连续的、平滑的，也不是可以任意细分的，而是在最小的尺度上起伏的。根据科学家的构想，时间和空间应该具有泡沫状或颗粒状的结构——类似于一幅图像，在近距离观察时不再是一个整体，而是由单个网格点组成。就像光由最小尺度的光子组成一样，空间和时间也可被量化。这是目前仍处于起步阶段的量子引力理论最重要的发现之一。他们旨在将相对论和量子理论结合起来。长度精确到 10^{-33} 厘米，时间精确到 10^{-43} 秒——普朗克尺度，此时的真空不再是一个简单的空洞，而是一个充满不同

在最小的物理尺度（即普朗克尺度）上，空间和时间不再连续且平滑，而是在狂野的几何形状中摇摆不定。这种量子泡沫可能包含微观虫洞。

几何形状的沸腾海洋。〔普朗克尺度可以追溯到马克斯·普朗克早在1899年就提出的想法：将三个自然常量——引力常量、光速和普朗克常量——巧妙地结合在一起，会得到不依赖于传统的纯粹物理量（如"米"）的物理单位。〕可以说，量子真空会抛出"气泡"，甚至可能扼杀初级婴儿宇宙，被虚拟黑洞刺穿，并且可能充满了微小的虫洞。霍金和其他物理学家认为，由于量子物理事件，虫洞在这种最小的自然尺度上会不断出现，再消失。

这听起来像天方夜谭，但也许可以找到一种方法将这样的结构通过膨胀形成一个可以让我们通行的大虫洞（例如，通过宇宙暴胀的机制）。也可以想象，大虫洞早在大爆炸时就已形成，并且存在于宇宙中的某个地方；或者拥有先进科学技术的文明会在时空中制造虫洞；或者说黑洞可以转化为虫洞，因为从物理角度来看，这两者是密切相关的。

在科幻小说中，虫洞在通往其他恒星的旅程中起着重要的作用，但其实这些想法最初来自相对论。爱因斯坦也曾考虑过这一点（1957年，惠勒首

虫洞是穿越时空的隧道，甚至是通往其他宇宙的大门。从理论上讲，它们可以被当作宇宙的捷径：虫洞也许可以让你在周末去距离地球8.6光年的天狼星上旅行，而几乎以光速行动的太空旅行者可能至少需要9年才能到达那里。广义相对论将虫洞描述为时空的极端曲率，就像下图中用二维橡胶层展现的那样，通过虫洞的旅程将比正常的"外部"旅程短得多。

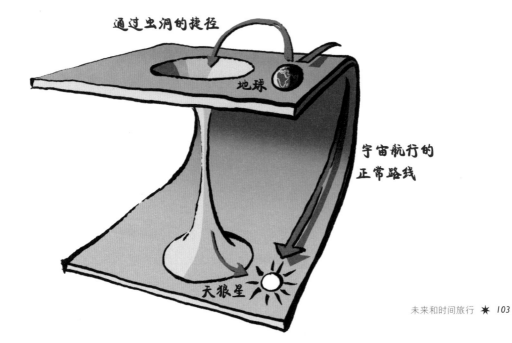

通过虫洞的捷径

地球

宇宙航行的
正常路线

天狼星

次创造了"虫洞"一词）。但直到 20 世纪 80 年代，科学家们才计算出如何将它们用作宇宙地铁。理论上，虫洞可以实现超光速飞行，但并不是通过打破狭义相对论的光障，而是让旅行者通过虫洞，使用宇宙捷径。根据广义相对论，这实际上是可操作的，并且只能在其框架内才能实现，但并不是很容易。因为要保持虫洞畅通并让通道不受干扰保持稳定，需要极大的力量。

最合适的是具有负质量性质的奇异物质：它将排斥引力，而不是被引力吸引。没有人知道它是否存在或可以被创造出来。不过，负能量已经不是幻想，它已经在实验室中被观测到了。要做到这一点，必须稍微抑制真空的"沸腾"状态，这可以通过两个距离很近的平行相对排列的镜子实现。（相反，黑洞发出的霍金辐射使其吸收负能量。）尽管量子效应会产生负能量，但这仅在非常有限的范围内发生：负能量密度越大，其时空膨胀范围越小，对应的正能量越大。物理学家将这种能量"贷款"的回报称为"量子利息"。大自然无情地征收着量子利息。因此，人们可以放心地建立自己的规律，甚至可以将虫洞当作穿越时空的隧道，进入平行宇宙或是回到过去。

时间是一条单行道吗？

霍金不喜欢时间旅行，也就是说，他不喜欢自然界中的时间圈环。因为它们可能会混淆因果之间的关系，即导致逻辑矛盾或时间悖论。例如，一个沮丧的时间旅行者可能会选择在他还是婴儿的时候自杀。如果成功了，他将无法进行穿越时间的旅行，但如果他活着，可能又会坐上时间机器回到过去，依此类推……

 "应该让物理学家有机会讨论这个问题，而不是先行嘲笑一番。因为即使事实证明时间旅行是不可能的，了解不能做到的原因也很重要。"

早在1973年，霍金和乔治·埃利斯就对时间旅行的构想进行了逻辑上的批判：

（1）时间旅行者在进行时间旅行之前就已经存在。

（2）所有物理对象都连续存在。

（3）回到过去是可能的。

（4）回到过去的时间旅行者可能会阻止自己进行时间旅行。

根据霍金和埃利斯的观点，只有（3）是错误的，才能解决这四个假设所产生的矛盾，即（4）中提出的时间悖论。但是，这也不是唯一的可能。因为时间机器的假设可能会否定前提（2）。如果坚持这就是真理，那么这个问题根本就没必要讨论。另一个问题是：（4）不是必然发生且普遍适用的，况且"可能"的含义也不明确。比如在正常情况下，一个普通人"不可能"在十分钟内跑完马拉松，但是许多人"能"在十小时内跑完马拉松。然而，当他们被绑住或者在距离终点一千米时不想跑了，他们就"不可能"跑完马拉松。

　　因此，是否可以从逻辑上排除时间旅行的可能性，是非常值得怀疑的。经验经常告诉我们，很多与常识相违背的事都是可以被证明的。因此，从科学的角度出发，不带偏见并且抱有好奇心地去发展及批判性地检验假设是很重要的，不要从一开始就直接拒绝这些假设。霍金也持有类似的看法，因此他此后一直避免对时间旅行提出逻辑上的反对意见。

时序保护猜想

　　尽管如此，霍金仍坚信自然界中不会发生时间旅行。1992 年，他甚至提出了时序保护猜想。在这个猜想中，他提出了自然定律对时间方向的保护，即否定了时间机器存在的可能性：

　　　　"在自然界的相互作用中，自然定律阻止了宏观物体将信息带回过去。"

　　正如霍金所说，量子理论允许微观尺度上的粒子进行时间旅行。但是，如此微小的时间圈环产生的可能性极低，对日常生活不会产生明显的影响。某个人可能会回到过去并杀死自己或他的某个祖先的概率微乎其微（只有 $1/10^{10^{60}}$）。因此，世界的历史秩序不会被打乱。

来自未来的知识将是一个奇怪的时间悖论。一个没有想象力的画家可以从他未来的作品目录中选一幅画复制出来，并因此而闻名。

专业文献中已经有 200 多篇文章讨论了霍金猜想在技术上的复杂性和说服力，并通过案例研究对其进行了验证。

有虫洞时间机器吗？

研究时间机器最好的模型就是虫洞。在广义相对论的框架下，可以用虫洞产生明确的时间圈环，这是自 1988 年以来多次计算的结果。原则上，一个入口相对另一个入口快速移动或使其靠近强引力源就足够了，例如在中子星或黑洞附近。然后就会发生时间膨胀，因为在引力场中速度越快的时钟走得越慢。因此，时间在虫洞中与在外部宇宙中的流逝速度不同。根据在虫洞中的飞行方向的不同，你可以回到过去或进入未来。（但是，要回到比第一次把虫洞用作时间机器的时间点更久远的过去是不可能的。）

这种虫洞时间机器与科幻小说中的普通时间机器在两个方面有所不同：虫洞时间机器不会穿越时间，而是宇宙结构本身的一部分。虫洞时间旅行者不是在不离开自己位置的情况下让时间快速前进或倒退，而是踏上了穿越过去或未来的宇宙飞行。

现在的关键问题是：相对论是否仍然适用于这些极端物理情况，或者量子效应是否会使时间圈环无法通过。在"时间机器"的例子中，总是会形成一个所谓时间旅行视界——一个将具有正常因果关系的时空区域与具有异常因果关系的时空区域分开的边界。如果大自然有时间保护机制，那么它应该在此生效。

> "似乎存在一种时序保护机制，防止形成闭合的时间曲线，从而使宇宙对历史学家而言仍是稳定的。"

霍金将这个视界描述为一个光粒子可以在时间轨道上转圈的地方。这样一来，这些光粒子将获得越来越多的能量，而且几乎立即就能获得无限的能量。最终，能量的来源必须是时空本身，它构成了时间旅行视界。但是，由于它提供的光子以及与其能量相关的引力场又会影响时空，所以时空发生了剧变，导致时间圈环消失。因此，时间机器一旦开始运行就会自我毁灭。

目前还不清楚量子效应是否会推动或抑制这些效应。科学家之间存在着不同的观点并对此进行了长期的争论，霍金也参与其中。到目前为止，只能确定量子物理反应还不足以作为通用的时序保护机制，必须在未来的万物理论中找到一种通用的保护机制（如果有的话）。毕竟，所涉及的讨论表明，时间旅行不再只是令人兴奋的小说，而是硬科学。文学和电影中的伟大思想游戏在物理学中找到了第二故乡。

时间的问题

物理学中有关时间旅行的严肃研究数以千计，但是只有几个不可调和的基本立场。而且，时间旅行也绝不意味着一定有时间悖论。因此可能存在时间圈环，但是只有那些能"自洽"发展的时间圈环，也就是说，没有悖论的。例如，沮丧的时间旅行者无法以婴儿的身份杀死自己，而是会错过或认错自己。

或者时间旅行实际上导致了平行世界的产生。这也可以用来驳回霍金关于时间旅行的另一个反对观点：

"如果时间机器成为可能，那么未来的游客在哪里？你们应该早就访问过我们，好奇地看着我们古怪的老式生活并结束我们的纠纷。"

答案并不是说，未来的时间旅行者其实早就在这里了，但我们无法识别他们，因为我们已经将这些不谨慎的时间旅行先驱者锁在了封闭的精神病房里，而是未来的人们（还）没有来拜访过我们，但也许他们拜访过我们在平行世界中或在另一段时间线中的另一个自己。

这些都是很有趣的猜测。目前，关于时间旅行的可能性及其含义的问题尚未得到解答。在这方面，关于万物理论的确定可能也不得不推迟。但是，由于这还有很长的路要走，所以物理学家正在分析更简单的、不那么异常的情况。例如，1998 年，霍金和他的学生迈克尔·卡西迪发表了一篇关于量子物理学中时序保护的研究：在某些情况下，有可能证明时间圈环甚至无法形成。关键问题是该结果是否普遍适用。

到目前为止，关于这一难题还未盖棺论定。近似计算过于粗糙，还不存在更精确的理论。时序保护猜想是不完整的，霍金不得不修改细节。

"因此，时间旅行的问题仍然悬而未决。但是，我不会就此打赌。另一个人可能拥有了解未来的不公平优势。毕竟，有强有力的经验证据表明，时序保护猜想是正确的——我们从未遭受任何来自未来的旅游团的侵犯。"

霍金的小测试

1. 霍金为何欣赏科幻小说？

☐ a. 因为它们不认真对待自然定律

☐ b. 因为它们拓展了人类的想象力

☐ c. 他不喜欢科幻小说，而且认为它们很幼稚

2. 霍金最大的（科学）错误是什么？

☐ a. 时间可以逆转的假设

☐ b. 宇宙常数的引入

☐ c. 黑洞蒸发的假设

3. 婴儿宇宙如何产生？

☐ a. 可能来自黑洞或虫洞

☐ b. 当黑洞蒸发时

☐ c. 如果有时序保护，那么根本不会产生

4. 什么是时间悖论？

☐ a. 阻止因的果

☐ b. 阻止果的因

☐ c. 没有因的果

5. 霍金的时序保护猜想是怎么说的？

☐ a. 自然界不可能产生时间圈环

☐ b. 时间悖论仅在特殊情况下存在

☐ c. 时间旅行需要时间警察的监督

答案：1.b 2.a 3.a 4.a 5.a

外星生命、上帝和世界

"在可观测宇宙中，我们位于银河系外围一颗非常普通的恒星的小行星上，是如此微不足道的生物。因此，很难相信有一个注意到我们存在的上帝，更别提关心我们了。"

这是人类的梦想：找到一把能打开通往宇宙终极秘密的通道的钥匙。物理学家们也不例外。他们也渴望打破知识的界限，为知识奠定更深的基础。他们想了解是什么将世界凝聚在一起，以及最小与最大之间的紧密联系。他们正在寻找引发并且可以解释大爆炸的超级力量。

霍金曾宣布了理论物理学的终结：如果找到了万物理论，那么我们就没什么要做的了。但是，他撤回了这种为时过早的看法。霍金和许多同事一起，继续深入思考下一次物理革命的情形。与此相比，他谈到的其他话题几乎都是微不足道的：人类的未来、外星智慧生命的存在和上帝的问题。

出发进入太空

霍金为人类在地球上的未来感到担忧。他认为，不应低估环境破坏、气候变化、战争以及未来计算机和机器人的人工智能所带来的危险。最重要的是，人口的快速增长就像定时炸弹一样。这是能源和资源消耗不断增加的主要原因。很快，这个被剥削的星球将达到极限。根据当前趋势进行简单粗略的计算，就可以清楚地知晓：

"在 2600 年，世界人口将多到人们不得不摩肩接踵地站着的程度，电力消耗将使地球变得灼热。"

霍金认为，更重要的是，人类必须大力开展太空旅行，而不是像如今一样三心二意地投入。月球和火星上的太空殖民地和空间站听起来像科幻小说，但从长远来看，它们是人类生存的保障。只在地球上生存会使人类极度脆弱——不仅要面对自身的各种失败（环境破坏、第三次世界大战），而且还要面对来自宇宙的迫在眉睫的灾难，尤其是小行星或彗星的毁灭性打击。

从长远来看，如果人类没有提前自我灭绝的话，那么除了移民就别无选择，因为太阳将越来越热。因此，在几亿年后，只有细菌还能存活；在一二十亿年后，海洋也会完全蒸发；在七十六亿年后，太阳将膨胀成一颗红巨星，无情地吞噬地球。

"我认为人类的长远未来在太空中。人们将学会在太空中生活，并在星际间遨游。"

如果人类继续这样下去，前景十分糟糕。

　　2016 年，霍金推出了"突破摄星"计划，该计划由私人和基金会资助，旨在通过激光束在 20 年内向邻近的恒星半人马座阿尔法星发送纳米探测器（恒星芯片）。

　　随着"太空，我来了！"的宣言，霍金在 2007 年 4 月 26 日为私人太空旅行树立了一个榜样。他坐在特殊的飞机中体验抛物线飞行，飞机在空

1 绿色食品，出自电影 Soylent Green，中译名为《绿色食品》或《超世纪谍杀案》。电影中人类已经不再拥有正常的食物，只能靠名为"绿色食品"的饼干维持生命。——译者注

完全解放——霍金在抛物线飞行中失重。

中上上下下，每次可以俯冲 20 ~ 30 秒，因此可以体验像在太空中一样的失重，霍金可以在机舱内自由飘浮。这是几十年来他第一次不用被轮椅和引力束缚，这有着一种生命可承受之轻的舒适感。

对外星生命的恐惧

因为每颗恒星都有熄灭的一天，所以高科技文明迟早会消亡或者离开所在星球去殖民太空。尽管恒星之间的距离很远，旅行也相应地需要很长时间，但生活在宇宙飞船中的外星生命也可以去寻找新世界。说不定外星生命已经瞄准了地球？

"我想象他们生活在巨大的宇宙飞船中，并且耗尽了自己星球上的所有资源。这些科技先进的外星人很可能成为游牧民族，会征服和殖民他们能到达的所有星球。"

自 1960 年以来，天文学家就一直在监听宇宙，寻找来自其他文明的信号。迄今为止，尤其是使用射电望远镜后，已经有无数颗恒星成了监听目标，虽然还没有任何结果。目前尚不清楚银河系中是否有外星智慧生命，如果有的话，他们在哪里以及有多少。这种外星文明的发现无疑将是人类历史上最激动人心的时刻之一。

霍金认为，寻找地外信息和外星文明的间接证据非常重要。因此，他还支持"突破聆听"计划，这是一个为期 10 年的"寻找地外智慧生命"的计划，于 2015 年推出，耗资 1 亿美元。但是，他警告人类不要将自己的信息发送到太空。虽然这一行为已经发生过几次：数十年来，这些信息通过无线电、广播和电视信号以及更强大的军用雷达波束以光速在太空中传播，已经抵达了 5000 多颗邻近的恒星。霍金不是唯一关心这个问题的人。

来自太空的攻击？霍金
警告人类不要向其他星球发送
无线电消息，因为这可能会吸
引恶意入侵者。

"我们只需要看看自己，就能想象智慧生命可以发展成什
么样子，所以我们最好祈祷不要遇到外星人。如果外星人来拜
访我们，后果将类似于克里斯托弗·哥伦布抵达美洲后发生的
情况，那对印第安人来说不是什么好事。外星人将比我们强大
得多，并且可能不认为我们比细菌更有价值。"

霍金的警告不应与科学声明相混淆。霍金也不是以科学声明的态度发出的警告。但这击中了人们寻找外星生命的一个痛点：外星生命并不一定是和平、无私和明智的，尽管这可能是人们想成为但还没成为的样子。相反，巨大的危险可能就潜伏在未知的宇宙深处。

由于外星生命能够承担星际飞行的巨额消耗，并且被认为拥有极高的科技水平，所以他们很大可能并不需要奴隶或肉类作为食物，而且卓越的智慧生命肯定拥有出色的机器人技术和生物技术。每个星系中也有无数具有原材料的行星，仅银河系中就可能有数百万颗类似地球的卫星。因此，与霍金的担心相反，道德高尚的文明将不必开发一个有生命的世界。但是，也许他们想要完全不同的东西：忠诚的灵魂和盲目崇拜。外星生命可能是宗教狂热者和无情的传教士！即使这样，霍金的警告还是有道理的：主动向太空发送消息是鲁莽的，风险远大于机遇。即使外星生命早已发现了地球，我们去尝试接触也可能会刺激并吸引他们。然而，寻找外星文明的迹象更加重要——不仅是作为基础研究，而且是作为宇宙启蒙。否则，人类将始终处于耳朵闭塞、盲目无知的状态。

寻找万物理论

当为非常不同的现象找到统一的描述时，通常会在理论物理学上取得巨大进步。这开创了新的自然基本定律，或连接了不同的理论和模型。其中一个例子就是霍金对黑洞热辐射的描述，因为它明确了相对论、量子物理学

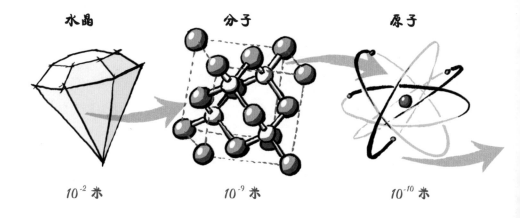

水晶   分子   原子

10^{-2} 米 10^{-9} 米 10^{-10} 米

和热力学之间先前未知的关系。

    一个特别令人印象深刻的成功案例是对自然界中基本相互作用的研究。在远古时代，天上和地球上的区域在物理上是不同的。但是，正如牛顿在17 世纪 80 年代用他的万有引力定律证明的那样，正是这种力使行星绕着太阳旋转，并且不会使苹果落在离树很远的地方。詹姆斯·克拉克·麦克斯韦在 19 世纪 60 年代发现，电和磁现象是同一事物的两个方面。20 世纪 60 年代，电磁相互作用力与新发现的弱相互作用力可以结合起来，后者仅在原子核区域起作用，并参与某些放射性衰变和核聚变。强相互作用力也是新发现的，它是将原子核结合在一起的力，但是是孤立的，不能和其他相互作用力结合。尽管存在各种将强相互作用力和弱相互作用力结合起来的"大统一理论"，但是到目前为止，还没有任何一种通过测量得到证实。更别提包括引力在内的万物理论的长远目标了。在大爆炸中，应该只存在一个超力，它随

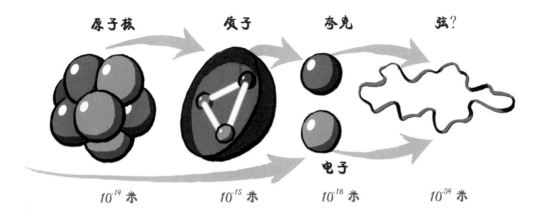

原子核　　　　　质子　　　　夸克　　　　弦？

10^{-14} 米　　　　10^{-15} 米　　　　10^{-18} 米　　　　10^{-34} 米

电子

科学史上最伟大的发现之一是对物质结构的洞察。夸克和电子目前被认为是基本粒子。但是也许还存在更小的单位，或者一切都嵌套在一起，就像一个无限小的俄罗斯套娃一样。然而，反对夸克不断分裂的第一个论点是，不能将各个夸克隔离开来，因为将它们撕裂所需的能量是如此之大，以至于可以证明产生了新的束缚在一起的夸克。其次，根据仍然在推测阶段的量子引力理论，空间和时间也不是连续的，而是在普朗克尺度上（10^{-35} 米，10^{-43} 秒）变成颗粒状或泡沫状。根据弦理论，所有形式的物质和能量都是由一维弦（或是称为"膜"的多维的、不可分割的物体）组成的。

着宇宙的冷却分化出不同的力。

这样的万物理论，即现代物理学的宏伟目标，可能是量子引力理论。它应该结合量子理论和广义相对论（其中包含牛顿引力理论作为极限情况），形成一个超理论，一个合并最小和最大事物的理论。（这也是必要的，因为在大爆炸中巨大的事物曾经很微小，今天可以观察到的整个宇宙最初比一个原子还小。）甚至物质粒子和传递相互作用力的粒子之间的差异也可能被消除。正如物理学家所说，它们将是"超对称"[1]的。

　　"在理论物理学中，寻求逻辑自洽始终比实验结果更为重要。优雅和美丽的理论会因为与观测数据的不相符而被抛弃。但据我所知，没有任何一个重要理论的发展完全依赖于实验数据。与渴望拥有一个优雅而连贯的数学模型相比，相对应的理论是更首要的。"

　　自 20 世纪 70 年代以来，霍金对所谓欧几里得量子引力理论做出了重大贡献，在当时这一理论只能近似地应用，但今天已经可以进行具体的计算，尤其是在宇宙学中。20 世纪 90 年代，霍金成了弦理论的支持者。弦理论，或者说各种不同版本的弦理论，似乎是一个更全面的理论——M 理论的一部分。（"M"可能代表"膜""主宰者""矩阵""雄伟""神秘""魔术"，甚至代表批评家们的"马虎"。[2]）

　　根据弦理论，自然界的基本组成要素不是点状的基本粒子，而是微小的一维弦。因此，已知的基本粒子只是这些弦的振动，物质就是旋律。但是，

---

1 在超对称理论中，每一种已知的粒子都有一种被称为"超对称伙伴"的粒子与之配对，但在实验上始终未能观测到任何一种已知粒子的超对称伙伴。——编者注
2 这些词的德语原文都是以"M"开头的。——编者注

高维物理学是一项科学杰作。它超出了我们的想象，因为额外的维度是我们无法感知或触摸的，但是它们可能会产生物理效应。这里有一个视觉辅助描述：在我们熟悉的世界中，走钢丝的人只能沿着钢索进行"一维"运动，他无法接近微小的"卷曲"的额外维度。但是对某些粒子或弦，情况却可能有所不同，它们更像是在钢索上爬行的蚂蚁。

弦理论需要一个夸张的假设，没有这个假设就无法没有矛盾地表述。这个假设就是：存在 6 个或 7 个未知的额外的微小空间维度。

下面这句话也许可以很好地说明霍金对弦理论或 M 理论的期望有多大。当作者在交谈中问霍金，如果他有机会向一个无所不知并且愿意回答的仙女提一个问题，他会问什么。霍金毫不犹豫地用他的电脑声音回答：

"M 理论是否完整？"

还有造物主的空间吗？

霍金在他的畅销书《时间简史》中，曾提出过这样一个问题：如果这个世界从物理上被很大程度地理解了，那么哪里还有空间留给上帝？的确，这本书以神秘的方式结尾了，同时也吸引了读者的注意：对宇宙的完整解释将是"人类理性的最终胜利"，"因为那样我们就能知道上帝的计划"（或上帝的"精神"）。但是霍金绝不是想为宗教代言。实际上，他一再明确表示，当他用"上帝"这个比喻时，指的是非人格的自然定律——就像爱因斯坦在一些经常被曲解的表述中所做的一样。

"我在非人格意义上使用'上帝'这个词，就像爱因斯坦为表示自然定律所做的那样。因此，了解上帝的灵魂就意味着了解自然定律。"

尽管如此，许多宗教信徒仍将世界运行的明显秩序视为造物主存在的标志。他们不想接受宇宙是偶然和必然的奇怪结果，没有目的或是目标。但是自然定律可以很自然地解释这一切（霍金的研究也证明了这一点）。

"如果我是对的，那么宇宙就是建立在它自身之中的，并且仅受自然定律的支配。"

"如果宇宙真的是完全独立的，如果它真的没有边界也没有边缘，那么它将既没有起点也没有终点：它就这么存在着。那么还有什么空间留给造物主呢？"

这个问题引起了很多讨论。然而，在大多数信徒的理解中，上帝不能沦为制定自然定律、设定物理常量或引发大爆炸的"设计师"。通常，上帝不仅被认为是世界的创造者，还是世界的维护者和毁灭者，他决定了价值秩序，回应了祈祷，并干预世界的进程。由于不能被证实，这种信念——或者说虔诚的愿望——不能从物理上进行驳斥，但可以从哲学上加以批评。而这正是霍金所做的，他认为，现代宇宙学中不再需要上帝。充其量，上帝可以作为一个私人的离奇想法存在，霍金本人并不认为它是真的。

"上帝很有可能以科学定律无法描述的方式行事。但在这种情况下，就只有个人信仰存在。"

"基于对权威的信仰的宗教与基于观察和理性的科学之间存在根本的区别。科学会胜利，因为它行得通、起作用。"

"我活在死亡即将来临的阴影中。我不怕死亡，但我也并不急于死。我还想提前做很多事情。我认为大脑是一台计算机，当其组件出现故障时会停止工作。坏掉的计算机没有天堂或来世。对恐惧黑暗的人们来说，这只是一个童话。"

其他宇宙和物理学的终结?

一个万能的造物主创造并装扮宇宙的过时假设在现代宇宙学中是多余的，或者说是有害的。但是问题并不止步于此。为什么会存在自然定律，为什么它们会以这样的方式存在，仍然是未解之谜。如果自然定律随着大爆炸开始而开始，问题就转移了：大爆炸是如何产生的，它为什么要创造出这个宇宙？为什么有东西存在，而不是虚无？难道"偶然与必然的果实"（如希腊哲学家德谟克里特所言）就不能以完全不同的方式开花吗？

为了回答这些问题，霍金和他的一些同事推测，宇宙观将从根本上得到扩展：

"各种各样的宇宙从无到有被创造出来。这些创造不依赖于超自然生物或上帝的干预。相反，宇宙的多样性是物理定律的自然结果，是科学的预测。"

因此，大爆炸和我们的宇宙不会是唯一的，也没有什么特别之处，只是一个巨大的多元宇

一只二维的狗会有一个问题：它很容易崩溃。

宙的一部分，一个巨大的具有不同性质的宇宙集合。在这些或多或少互不相干的世界空间中，其他自然定律和常量可能占据主导地位，也许它们甚至具有不同数量的空间或时间维度。许多宇宙中可能不会产生生命，因为它们不包含任何物质或恒星。甚至更多或更少的维度也是不利的。存在第二个时间维度就会破坏因果关系；如果空间的维度多了，则可能没有稳定的原子和行星轨道；但是如果只有两个空间维度，就无法形成复杂的连贯结构。

万物理论可以解释大爆炸是如何发生的，黑洞内部发生了什么，力、能量和物质如何形成一个单位，时间旅行、虫洞和平行宇宙是有可能的；简而言之，世界究竟是什么，它的核心是什么。神秘的暗物质和暗能量的秘密也将被揭示，它们共同构成了我们宇宙大约95%的能量密度（普通物质仅占了5%）。弦理论或M理论是否能够解答所有这些问题，是非常让人怀疑的。但是，任何量子引力理论都是一种不可估量的见解。

作为剑桥大学的新任教授，霍金在1980年4月29日的就职演讲中讨论了这种万物理论及其意义。演讲的题目是《理论物理学的终结就在眼前了吗？》。霍金的演讲以这样的前景描述开始：

"……理论物理学的目标将在不久的将来实现，比如说在本世纪末。我的意思是，我们能拥有一个完整、连贯和统一的物理相互作用理论，这个理论能描述所有可能的观测结果。"

这种乐观是轻率的。迄今为止，尚不清楚是否存在这样一种理论，可以作为一些简单假设的唯一可能的结果，解释所有已知和未知的自然定律。但是霍金并没有放弃。2001 年，在慕尼黑的一次新闻发布会上，他说：

"我原本以为我们会在 20 世纪末找到万物理论。尽管我们已取得了很大进展，但目标似乎仍然遥不可及。我不得不调整自己的期望，但我仍然认为我们会在本世纪末实现，甚至可能更快。我是个乐观主义者。我现在的意思是 21 世纪。"

当作者问及万物理论及其衍生的自然定律是否仅仅是人类的创造，或者它们是否独立于我们而存在时（就像柏拉图所主张的思想世界），霍金回答：

"我相信实证主义哲学：物理理论只是我们构建的数学模型。我们不能问什么是真实，因为我们没有真实的模型来独立验证真实。我不同意柏拉图的观点。"

即使有了万物理论，问题也不会结束。如霍金所说，如果宇宙（或多元宇宙）是从"虚无"中产生的，那也并不是指形而上学家和神学家所说的虚无（神学家假设不是完全的虚无，而是有所"存在"——上帝），而是量子真空，其存在和"创造力"绝不是理所当然的。此外，自然定律从何而来以及为什么万物理论是这样的，这些问题仍然令人困惑。而且即使找到了万物理论，它也无法提供一个最终的、无论如何都毫无疑问的答案。霍金没有将这些困难都掩盖在他对科学的信心下，相反，他特地强调了这些问题：

"即使只有一种可能的统一理论，那也只是一组方程而已。是什么赋予这些方程生命，给它们提供了一个由它们决定进程的宇宙？最终的统一理论是否有足够的说服力来解释自己的存在？尽管科学也许能够解决宇宙起源的问题，但仍然不能回答这个问题：宇宙为什么要如此费劲地存在呢？"

霍金的小测试

1. 霍金为何支持太空旅行？

- ☐ a. 因为太空旅行使科技进步
- ☐ b. 因为太空旅行彰显了国家实力
- ☐ c. 因为这是人类生存的出路

2. 为什么霍金要警告人们不要向外星生命发送消息？

- ☐ a. 为了不吸引他们，因为这会威胁到人类
- ☐ b. 作为低级生物，打扰他们是不礼貌的
- ☐ c. 相信外星生命存在是荒谬的或疯狂的

3. 为什么需要量子引力理论？

- ☐ a. 引力无法用其他方式描述
- ☐ b. 量子物理学和相对论相互矛盾
- ☐ c. 否则霍金就不会获得诺贝尔物理学奖

4. 以下哪个是霍金最喜欢的"万物理论"？

- ☐ a. 循环量子引力理论
- ☐ b. 弦理论或 M 理论
- ☐ c. 超通用 42 全面准确答案公式

5. 以下哪个选项是霍金的观点？

- ☐ a. 仁慈的上帝创造了宇宙
- ☐ b. 死后可以在天堂生活
- ☐ c. 人类可以理解自然定律

答案：1.c 2.a 3.b 4.b 5.c

史蒂芬 · 霍金大事年表

年份	事件
1942	› 1 月 8 日：出生于英国牛津，母亲是经济学家伊索贝尔 · 艾琳 · 霍金，父亲是擅长治疗热带病的医生弗兰克 · 霍金。
	› 童年在伦敦度过。
1943	› 妹妹玛丽出生。
1946	› 妹妹菲利帕出生。
1950	› 全家搬到位于伦敦附近的赫特福德郡的圣奥尔本斯小镇。
1956	› 收养的弟弟爱德华加入大家庭。
1959	› 获得牛津大学奖学金，主修物理学。
1961	› 赢得牛津大学物理奖。
1962	› 以优异成绩毕业。
	› 师从导师丹尼斯 · 西阿玛，在剑桥大学学习宇宙学。
	› 12 月 31 日：除夕晚会与简 · 王尔德相识。
1963	› 被诊断出患肌萎缩侧索硬化（ALS）。
1965	› 完成博士毕业论文《膨胀宇宙的性质》（1966 年通过）。
	› 发表第一篇科学论文。
	› 获得剑桥大学冈维尔与凯斯学院的研究奖学金。
	› 与简 · 王尔德结婚。
1965—1970	› 与罗杰 · 彭罗斯一起提出大爆炸奇点定理并进行其他宇宙学研究。
1967	› 大儿子罗伯特 · 霍金出生。

1968 › 在剑桥大学天文研究所从事研究工作。

1970 › 女儿露西·霍金出生。

　　　› 开始使用轮椅。

1971年起 › 与加里·吉本斯、伯纳德·卡尔和詹姆斯·哈特尔一起研究黑洞（性质、形成及生长）和引力波。

1973 › 和乔治·埃利斯合作出版《时空的大尺度结构》。

　　　› 与巴里·柯林斯一起研究宇宙的各向同性和人择原理。

1974 › 需要他人护理。

　　　› 研究黑洞热力学和量子物理学，发现黑洞在蒸发（霍金辐射）。

　　　› 成为皇家学会会员。

1974—1975 › 与基普·索恩一起在帕萨迪纳的加利福尼亚理工学院从事一年的研究工作（此后仍经常回到该学院从事研究）。

1975 › 提出黑洞信息悖论。

1975—1976› 任剑桥大学引力物理学讲师（学术职位）。

　　　› 获得六个奖项，包括英国皇家天文学会颁发的爱丁顿奖章，以及宗座科学院颁发的庇护十一世金质奖章。

1976 › 和唐·佩奇一起研究太初黑洞的伽马射线辐射。

1976年起 › 研究欧几里得量子引力，部分与加里·吉本斯、克里斯托弗·波普、马尔科姆·佩里合作。

1977 › 被任命为剑桥大学冈维尔与凯斯学院教授。

　　　› 与加里·吉本斯一起研究宇宙事件视界的辐射。

　　　› 出现在英国广播公司电视纪录片《宇宙的钥匙》中。

1978 › 获得爱因斯坦奖。

1979 › 二儿子蒂莫西·霍金出生。

› 合编出版《广义相对论评述：纪念爱因斯坦百年诞辰》。

› 被任命为剑桥大学应用数学和理论物理系卢卡斯数学教授。

1980 › 4 月 29 日：发表题为《理论物理学的终结就在眼前了吗？》的就职演说。

1981 › 在宗座科学院发表关于无边界条件的演讲。

› 合编出版《超空间和超引力》。

1981 年起 › 研究宇宙常数。

1982 年起 › 与伊恩·莫斯一起研究宇宙的暴胀和相变。

1982 › 被英国女王伊丽莎白二世授予荣誉勋章：大英帝国司令勋章。

› 在剑桥组织召开极早期宇宙研讨会。

› 获得了英国莱斯特大学，美国纽约大学、普林斯顿大学及诺特丹大学的荣誉博士学位（后来又增加了 8 所大学）。

1983 › 和詹姆斯·哈特尔一起研究宇宙的波函数。

› 合编出版《极早期宇宙》。

1984 › 创作《时间简史》初稿；纽约文学经纪人阿尔·朱克曼将该书版权拍卖给矮脚鸡图书公司。

1985 › 研究时间箭头（1991 年由雷蒙·拉弗莱姆和格伦·莱昂斯修正）。

› 合编出版《超对称及其应用》。

› 8 月：在日内瓦患肺炎，在剑桥接受气管切开术，失去语言能力；戴维·梅森为霍金打造了语音合成器，可用左手操作。

1987 › 合编出版《万有引力 300 年》。

1987 年起 › 研究虫洞和婴儿宇宙。

1988 › 《时间简史》成为畅销书，并被翻译成 40 多种语言，售出了超过 1000 万册。

› 与罗杰·彭罗斯共同获得沃尔夫物理学奖。

1989 › 英国女王伊丽莎白二世向他授予荣誉勋爵称号。

› 合编出版《宇宙弦的形成与演化》。

1990 › 与简·王尔德离婚。

1991 › 基于《时间简史》一书，埃罗尔·莫里斯拍摄的《时间简史》纪录片上映。

1992 › 提出时序保护猜想。

1992 年起 › 与西蒙·罗斯和拉斐尔·布索合作，进一步研究黑洞量子物理学。

1993 › 出版《黑洞、婴儿宇宙及其他》。

› 合编出版《欧几里得量子引力》。

› 出版选集《霍金与大爆炸理论及黑洞》。

1994 › 与罗杰·彭罗斯在剑桥做关于"时空本性"的演讲。

1995 › 与他的私人护士伊莱恩·梅森举行婚礼。

1996 › 出版与罗杰·彭罗斯的共同著作《时空本性》。

› 《时间简史（插图版）》出版。

1997 › 六集纪录片《史蒂芬·霍金的宇宙》（美国公共电视台）上映。

1998 › 与迈克尔·卡西迪一起研究时序选择模型。

› 与尼尔·图罗克一起研究开放的暴胀宇宙。

› 受比尔·克林顿邀请在华盛顿白宫发表演讲。

1999 年起 › 与哈维·雷亚尔和托马斯·赫托格共同研究弦宇宙学。

2001 › 出版《果壳中的宇宙》。

2002 › 出版《站在巨人的肩上：物理学和天文学的伟大著作集》。

› 合编出版《时空的未来》。

2003 年起 › 研究自上而下的宇宙学模型，2006 年起与托马斯·赫托格一起研究。

2004 › 推翻黑洞信息丢失理论。

› 菲利普·马丁拍摄电影《霍金传》。

2005　› 仅通过抽动右脸颊肌肉控制语音计算机。

　　　› 与列纳德·蒙洛迪诺合著的《时间简史（普及版）》出版。

　　　› 出版《上帝创造整数：改变历史的数学突破》。

2006　› 与伊莱恩·梅森离婚。

2007　› 与露西·霍金合著儿童科普读物《乔治的宇宙秘密钥匙》。

　　　› 出版《不断持续的幻觉：霍金点评爱因斯坦科学文集》。

　　　› 4 月 26 日：乘坐从美国佛罗里达州的肯尼迪航天中心起飞的由波音 727 客机改
　　　　装成的"重力一号"飞机，完成 8 次抛物线飞行，经历每次 20~30 秒的失重体验。

　　　› 由霍金基金会资助的理论宇宙学中心，在剑桥大学应用数学及理论物理系的数
　　　　学科学中心成立。

2007 年起　› 与詹姆斯·哈特尔和托马斯·赫托格进行有关量子宇宙学、宇宙波函数、暴
　　　　胀和时间方向的研究。

2008　› 为纪念美国国家航空航天局成立五十周年，在乔治华盛顿大学发表演讲。

　　　› 电视和 DVD 纪录片《史蒂芬·霍金：宇宙之王》开播（英国电视四台播出）。

2009　› 巴拉克·奥巴马在华盛顿白宫为霍金颁发总统自由勋章。

　　　› 9 月 30 日：从剑桥退休，此后担任理论宇宙学中心研究主任。

　　　› 与露西·霍金合著儿童科普读物《乔治的宇宙寻宝之旅》。

2010　› 电视和 DVD 纪录片《与史蒂芬·霍金一起了解宇宙》开播（探索频道播出）。

　　　› 与列纳德·蒙洛迪诺合著的《大设计》出版。

2011　› 与露西·霍金合著儿童科普读物《乔治与大爆炸》。

　　　› 出版《梦想的材料：最令人震惊的量子物理学论文以及它们如何震撼科学世界》。

2013　› 出版自传《我的简史》。

　　　› 纪录片电影《霍金传》（导演：史蒂芬·芬尼根）上映。

　　　› 获得基础物理学特别突破奖。

2014 › 与露西·霍金合著儿童科普读物《乔治和不可破解的密码》。

› 导演詹姆斯·马什为霍金拍摄电影传记片《万物理论》（主角埃迪·雷德梅恩获奥斯卡金像奖）。

2014 年起 › 继续研究并发表关于黑洞蒸发过程中信息保存问题的论文，2015 年起与马尔科姆·佩里和安德鲁·施特罗明格共同研究。

2015 › 支持"突破聆听"计划（搜索外星文明）。

2016 › 本·鲍伊导演的电影《史蒂芬·霍金最喜欢的地方》上映。

› 电视连续剧《史蒂芬·霍金的天才实验室》开播。

› 与露西·霍金合著儿童科普读物《乔治和蓝色月亮》。

› 推出"突破摄星"计划：发射纳米探测器到半人马座阿尔法星。

› 出版《黑洞》。参加英国广播公司（BBC）的年度节目睿思演讲（主题：黑洞没有毛发吗？）。

2017 › 参加英国广播公司（BBC）的科学系列节目《明日世界》。

› 7 月：剑桥大学为霍金举办了 75 岁生日庆典。在为期四天的大会中，包括霍金在内的四位嘉宾做了公开演讲，还有众多专家参加并做专家讲座。

› 参与尼克·佛朗哥的 YouTube 纪录片《大爆炸之前》。

2018 › 3 月 14 日：凌晨，在剑桥的家中去世。

› 3 月 31 日：葬礼在英国剑桥圣玛丽大学教堂举行。

› 6 月 15 日：骨灰埋葬在威斯敏斯特大教堂内，安放于艾萨克·牛顿和查尔斯·达尔文之间。

› 最后一篇研究论文公开。

› 《十问：霍金沉思录》出版。

有关霍金的宇宙的更多资料

史蒂芬·霍金的科普书籍

› Eine kurze Geschichte der Zeit. 1988（《时间简史》）

› Einsteins Traum. 1993（《黑洞、婴儿宇宙及其他》）

› Die illustrierte kurze Geschichte der Zeit. 1996〔《时间简史（插图版）》〕

› Das Universum in der Nussschale. 2001（《果壳中的宇宙》）

› Die kürzeste Geschichte der Zeit. 2005 (mit Leonard Mlodinow)〔《时间简史（普及版）》，与列纳德·蒙洛迪诺合著〕

› Der große Entwurf. 2010 (mit Leonard Mlodinow)（《大设计》，与列纳德·蒙洛迪诺合著）

› Meine kurze Geschichte. 2013（《我的简史》）

电影

› Eine kurze Geschichte der Zeit. 1991 (von Errol Morris)（《时间简史》，埃罗尔·莫里斯导演）

› Hawking. 2004 (von Philip Martin)（《霍金传》，菲利普·马丁导演）

› Die Geheimnisse des Universums. 2010（《与史蒂芬·霍金一起了解宇宙》）

› Hawking. 2013 (von Stephen Finnigan)（《霍金传》，史蒂芬·芬尼根导演）

› Die Entdeckung der Unendlichkeit. 2014 (von James Marsh)（《万物理论》，詹姆斯·马什导演）

网页

› 史蒂芬·霍金的主页：http://www.hawking.org.uk/

› 卢卡斯数学教授席位主页：www.lucasianchair.org

› 剑桥大学应用数学及理论物理系：www.damtp.cam.ac.uk

› 理论宇宙学中心：www.ctc.cam.ac.uk

Einfach Hawking! Geniale Gedanken schwerelos verständlich by Rüdiger Vaas

Copyright © 2016 by Franckh-Kosmos Verlags-GmbH & Co. KG, Stuttgart, Germany

Chinese language edition arranged through HERCULES Business & Culture GmbH, Germany

著作权合同登记号：图字18-2021-133

图书在版编目（CIP）数据

跟着霍金看宇宙 / （德）吕迪格·瓦斯著 ；（德）贡特尔·舒尔茨绘 ；陈依慧译. -- 长沙 ：湖南科学技术出版社, 2021.9

　　ISBN 978-7-5710-1169-7

　　Ⅰ. ①跟… Ⅱ. ①吕… ②贡… ③陈… Ⅲ. ①宇宙学一青少年读物 Ⅳ. ①P159-49

中国版本图书馆CIP数据核字（2021）第168040号

GENZHE HUOJIN KAN YUZHOU

跟着霍金看宇宙

作　　者：［德］吕迪格·瓦斯
绘　　者：［德］贡特尔·舒尔茨
译　　者：陈依慧

出 版 人：张旭东

责任编辑：刘　竞　　　　　　　　策划出品：小博集
策划编辑：王　伟　　　　　　　　文字编辑：王佳怡
营销支持：付　佳　付聪颖　周　然　　版权支持：辛　艳　张雪珂
版式设计：霍雨佳　　　　　　　　封面设计：主语设计

出　　版：湖南科学技术出版社
　　　　　（湖南省长沙市湘雅路276号　邮编：410008）
网　　址：www.hnstp.com
印　　刷：北京中科印刷有限公司
经　　销：新华书店
开　　本：700 mm×875 mm 1/16
字　　数：100千字
印　　张：9
版　　次：2021年9月第1版
印　　次：2021年9月第1次印刷
书　　号：ISBN 978-7-5710-1169-7
定　　价：39.80元

若有质量问题，请致电质量监督电话：010-59096394　团购电话：010-59320018